NAIL BASICS & SALON NAILS

네일 기본과 살롱 네일

구민사

오/인/영

경희대학교 일반대학원 의상학과 이학 박사
현 인덕대학교 방송메이크업학과 교수
스위스 공인 CIDESCO 국제 메이크업 아티스트 자격증 취득

이/세/아

성신여자대학교 뷰티산업학과 박사과정
현 인덕대학교 방송메이크업학과 겸임교수
그레이스 뷰티 대표
한국산업인력공단 국가기술자격 감독위원

네일 기본과 살롱 네일

– 내일은 내 일, 네일리스트(Nailist)

초판인쇄 | 2023년 9월 20일
초판발행 | 2023년 9월 30일

저 자 | 오인영 · 이세아
발 행 인 | 조규백
발 행 처 | 도서출판 구민사

전 화 | (02) 701-7421(~2)
팩 스 | (02) 3273-9642
홈페이지 | www.kuhminsa.co.kr

신고번호 | 제2012-000055호(1980년 2월 4일)
I S B N | 979-11-6875-276-4(93590)

정 가 | 28,000원

PREFACE

모든 여성들은 국적과 연령, 직업, 계층과 상관없이 자신의 신체에 대한 청결과 미화를 위한 본능적 관심을 지니고, 예로부터 현재에 이르기까지 관리 행동을 해오고 있다.

각종 미디어의 전문화와 세분화, 다채널를 통해 미(美)에 대한 정보습득과 전달 및 파급효과는 갈수록 커지고 있으며 특히 '유튜브(YouTube)'의 등장과 '뷰티 인플루언서'의 등장으로 뷰티 트랜드는 동시대적으로 전 세계에 전해지고 유행되고 있다.

건강과 외모에 대한 적극적 관심과 투자를 열망하는 여성들의 등장으로 인해 네일 서비스에 대한 소비 행동은 더욱 적극적이고 전문적이며, 다양한 서비스를 요구하고 있기에 '네일리스트(Nailist)'의 직업군도 향후 그 수요가 더욱 증가할 것으로 기대하고 있다.

본서는 네일 분야에 대한 학습의 기초부터 심화과정까지 깊은 이해와 실용적인 지식을 제공함으로써 관심자와 입문자부터 진로를 모색하고자 하는 분들에 이르기까지 다양한 독자를 대상으로 기획·준비하였다.
네일 재료 및 전문도구 소개와 사용법, 살롱 네일 서비스 관련 과정별 순서와 방법, 네일 디자인 아이디어 등을 다루고 있으며, 네일숍 창업 준비와 경영 및 고객관리 등도 다루고 있다.

여러분은 이 책을 통해 '네일리스트'에 한 발자욱 더 가깝고도 친근하게 다가가길 바라며 디자인 발상과 기획 등 창의성을 발휘하여 즐거운 네일 아트 여정을 즐기시길 바란다.
본서가 여러분들에게 작으나마 빛과 희망이 되길 기원한다.

이 책의 출판을 위해 깊은 관심과 도움을 주신 도서출판 구민사 조규백 대표님과 직원 여러분께 감사의 인사를 드린다.

2023년 09월
저자 일동

CONTENTS

04 네일 기본 관리

05 기본 네일

06 아트 네일

07 네일 디자인

08 네일 살롱 경영의 이해

CONTENTS

09 네일 살롱 창업준비

Appendix 부록

01

네일 관리와 역사

240
70
254
69
67
60
23
20
167

네일 관리 서비스

모든 여성들은 본능적으로 자신의 신체에 대한 관심과 청결 및 미화(美化)에 대한 본능적 관심을 보이고 실천을 해왔다.

과학과 첨단산업의 발달, 의학의 발달, 각종 미디어의 등장과 다채널, 다매체화를 통해 보여지는 다양하고 개성있는 인물들의 등장으로 미에 대한 정보습득, 전달 및 파급효과는 갈수록 커질 수밖에 없는 현실이다.

이와 같은 흐름에 따라 미용 산업계 각 분야들이 전문화되고 있고, 네일 관련 산업 또한 여성들의 소득수준 향상, 미인식의 변화, 사회적 진출 상승과 동반하여 하나의 서비스 산업 분야로 자리매김하고 있다.

1997년 중반 국내에서 네일 아트는 큰 붐을 이루었고, 손관리, 발관리, 아트 네일에 이르기까지 다양한 서비스가 이루어지고 있다.

10대 여고생이나 20대 여대생들은 특히 미적 관심도가 높고 또래 동조의식, 패션 트렌드에 민감하고 메이크업, 헤어스타일, 염색 등 동향을 잘 받아들이는 특성이 있는데, 자신만의 독특한 개성 발휘, 미적 감성 전달, 이미지메이킹을 위해 네일 서비스를 이용하는 추세가 더욱 증가하고 있다.

이러한 시대를 반영하듯 몇 년 전부터, 루비족[RUBY: 신선함(Refresh), 비범함(Uncommon), 아름다움(Beauty-ful), 젊음(Young)], 골드퀸(goldqueen)이라는 신조어가 등장함에 따라 단단한 경제력을 지닌 건강과 외모에 대한 적극적인 관심과 투자를 하는 중년 여성들의 비율도 증가하고 있다(김희선, 2016 일부 인용 및 수정).

'네일 서비스(Nail Service)'는 손톱과 손을 아름답게 가꾸는 기술로 네일 모양 정리, 큐티클 정리, 손 마사지, 컬러링 등을 포함한 총괄적인 손의 관리를 뜻한다.

'손 마사지'를 통해 혈액순환 촉진, 뭉친 근육 이완, 수분 공급 및 탄력 부여, 유연성 강화, 모세혈관 건강, 피부온도 상승, 피로 회복, 피지선과 한선 기능을 향상시킬 수 있다.

네일 관리의 목적은 손톱의 위생청결을 위한 '보건적' 목적, 네일의 결함과 단점을 보완하여 아름답게 장식하는 '심미적' 목적, 자신감 상승의 '심리적' 목적, 사회적 관습, 예의를 위한 '사회적' 목적이 있다(김희선, 2016).

1 네일(nail) 용어 정의

사전적 의미의 네일(nail)은 '손톱, 못, 발톱'이란 뜻으로, 의학적 용어로 '오닉스(Onyx)'라고 하며 사전적으로 '못으로 박다', '고정시키다'의 의미로 쓰인다.

표면적으로 볼 수 있는 조체(爪體), 손톱과 발톱판인 네일 바디(nail body)는 손과 발의 혈관, 신경, 인대, 뼈, 세포 등 모든 부위가 유기적으로 관계를 통한 상호작용으로 만들어진 결과물이다. 손톱과 발톱을 칭하는 고조의 명칭은 동일하며, 네일의 모양이나 질은 일반적으로 유전적 영향을 받는다.

네일(Nail)

손톱(핑거 네일, finger nail)과 발톱(toe nail)을 총칭하는 단어

자연 네일(natural nail)

네일 표면에 아무것도 도포되지 않은 내추럴한 상태의 손톱과 발톱

인조 네일(artificial nail)

네일 표면에 다양한 네일 재료를 사용하여 인위적으로 만든 손톱과 발톱

2 네일 서비스(시술)

네일 서비스는 크게 '매니큐어(manicure)'와 '패디큐어(pedicure)'로 나뉘고, 매니큐어는 다시 네일 케어(nail care), 인조 손톱(artificial nail), 네일 아트(nail art)로 분류할 수 있다

매니큐어(manicure)

매니큐어(manicure)란 손톱과 손을 아름답게 가꾸는 기술로 손을 의미하는 라틴어의 '마누스(manus)'와 관리를 의미하는 라틴어의 '큐라(cura)'에서 유래되었다.

손톱에 색상이나 폴리시(polish)를 칠하는 것뿐만 아니라 '손톱의 관리' 및 '모든 네일 서비스'를 의미한다. 즉, 손톱의 모양 정리, 큐티클(cuticle) 정리, 손 마사지(massage), 컬러링(coloring) 등의 총괄적인 손 관리(hand care)를 의미한다.

네일 케어(nail care)

큐티클 정리, 마사지, 컬러링, 네일 아트

인조 손톱(artificial nail)

팁 오버레이, 실크 익스텐션, 아크릴 스캅춰, 젤 스캅춰

네일 아트(nail art)

핸드 페인팅, 젤 아트, 아크릴, 에어 브러시

패디큐어(pedicure)

'패디큐어(pedicure)'란 발톱과 발을 아름답게 가꾸는 기술로 '발'을 의미하는 라틴어의 '페디스(pedis)'와 '관리'를 의미하는 라틴어의 '큐라(cura)'에서 유래되었다. 발톱의 모리 정리 사지 등의 총괄적인 관리(foot care)를 의미한다.

네일 관리 역사

최초의 네일 관리는 기원전 3000년 고대 이집트에서 지위가 높은 남녀들이 관목에서 나오는 '헤나(henna)'라는 붉은 오렌지색 염료로 손톱에 물을 들인 것으로 거슬러 올라갈 수 있다. 왕과 왕비는 짙은 색으로 물을 들였고, 그보다 신분이 낮은 사람들은 옅은 색으로 물들였다.

1 고대

최초의 네일 미용은 기원전 3000년경 고대 이집트에서 시작된 것으로 전해진다. 고대 이집트 파라오의 무덤에서 금속으로 만들어진 오렌지 우드스틱(woodstick)과 손톱을 황금색으로 칠한 미라가 발견되었다.

기원전 2000년경에 손톱을 보라색으로 물들인 시녀 미라가 발견되었으며, 기원전 1400년경에 시녀 미라가 이집트 중기 왕조의 네페르티티 여왕이 청색 앙라인과 같이 손발톱을 빨간색으로 치장하였다.

손톱의 색상은 사회적 지위를 나타내는 중요한 기준의 하나로 여겨 왕족과 신분이 높은 계층은 짙은 색으로, 신분이 낮은 계층은 옅은 색으로 물들이게 하여 신분을 구분하였다.

귀신을 쫓고자 하는 주술적인 의미로 관목에서 나오는 헤나(henna)의 붉은 오렌지색으로 손톱을 염색해 사용하였다.

클레오파트라는 손톱과 손가락 끝, 손바닥까지 짙은 색상으로 물들여 아름다움과 종교적인 목적을 표현하기도 하였다.

특권층의 신분을 드러내기 위해 입술연지를 만드는 홍화를 손톱에도 발라 물들였으며, 이를 '조홍(爪紅)'이라 하였다.

이 시대 매니큐어는 손톱에 광택과 색을 입혀 건강하고 아름답게 표현할 목적으로 사용되어 손톱의 색깔이 신분을 나타내는 중요한 척도이기도 하였다(김광숙 외 2000).

그리스 시대에는 상류 계급 여성들이 전신을 아름답게 꾸미면서 네일에도 관심을 가져 손톱 모양을 정리하고 염색하였으며, 꾸밈없는 인간의 모습을 중시하는 헬레니즘 문명 자연관과 남존여비 사상으로 인한 여성 지위 하락은 이집트에 비해 화려한 색채나 인위적인 아름다운 치장은 사라지게 되었다.

로마 시대에는 손발톱을 깨끗이 손질하고 정리하는 관리의 목적이 컸다.

2 중국

벌꿀, 계란 흰자, 고무나무 수액 등을 혼합하여 다양한 색상의 용액을 만들어 손톱에 발랐으며, 이것이 오늘날의 네일 폴리시(nail polish)의 기원이라고 할 수 있다.

중국의 귀족들은 금색과 은색, 검은색과 빨간색을 손톱에 발라 화려한 미적 감각으로 신분을 과시하였다.

중국의 상류층은 부의 상징으로서 손톱을 5인치 정도로 길게 기르고 다녔으며, 손톱의 손상을 막기 위해 보석이나 대나무를 이용해 손톱을 보호하였다.

중국에서는 벌꿀과 계란 흰자, 아라비아산 고무나무에서 얻은 수액으로 손톱에 바르는 페인트를 만들어 발랐다고 하며, BC 600년에는 귀족들이 금색과 은색 페인트를 칠했다고 전해진다. 15세기에 들어와서는 중국의 명나라 왕족들이 흑색과 적색을 칠하였다.

3 중세, 근세

수많은 전쟁이 치러졌던 중세시대에는 남자들의 네일 미용이 시작되었다. 전쟁에 나가는 군 지휘관들이 염료를 사용하여 입술과 손톱에 같은 색을 칠하여 용맹을 과시하고 승리를 기원하였다.

인도의 상류층 여성들은 네일 매트릭스(nal matric)에 문신바늘로 색소를 주입하여 신분을 과시하였다. 17세기 인도 여성의 경우에는 네일 매트릭스에 문신 바늘로 물감을 주입시켜 상류층임을 나타내기도 하였다. 현대에 들어서는 네일 관리가 특정 계급을 위한 것이 아닌 일반인들에게 점차 대중화되었다.

프랑스의 베르사유 궁전에서는 노크하는 것을 예의에 어긋나는 행동으로 여겨 문을 두드리는 대신 한쪽 손의 손톱을 길게 길러 조심스럽게 긁도록 하여 방문을 알렸다.

영국의 상류층 여성들은 손톱에 장밋빛 손톱 파우더를 사용하였다.

4 근대

1800년

네일 미용이 특정 계층만이 아닌 일반인들에게 점차 대중화되기 시작하였다. 손톱 끝이 뾰족한 아몬드형 네일 모양이 유행하였다. 기름을 바른 후 샤미스(chamois : 염소나 양의 부드러운 가죽)를 이용하여 손톱에 광택을 내었다.

1830년

유럽의 발 전문 의사인 시트(Sitts)가 치과에서 사용되던 기구와 도구에서 착안한 오렌지 우드스틱(orange wood stick)을 네일 관리에 사용하기 시작하였고, 이때부터 본격적으로 손톱의 관리가 시작되었다.

1885년

네일 에나멜의 필름 형성제인 니트로 셀룰로스가 개발되었으며, 1892년에는 발전문의사 시트(Sit)의 조카에 의해서 네일 관리사가 여성들의 새로운 직업으로 미국에서 도입되었다. 1890년대부터 메탈 파일이나 메탈 가위(Metal Scissors)를 이용한 네일 관리가 발전하기 시작되었다

5 현대 : 1900~1950년대

1900년

금속 가위와 금속 파일(file)이 제작되어 도구를 이용한 네일 관리가 시작되었으며, 크림이나 가루로 네일에 광(光)을 주거나 낙타털을 이용한 붓으로 네일 폴리시를 바르기 시작했다. 유럽에서는 네일 관리가 본격적으로 시작되었다.

1910년

미국의 매니큐어 제조회사 플라워리(Flowery)가 설립되어 금속 파일, 사포로 된 파일이 제작되었다.

1917년

보그(Vogue) 잡지에 닥터 코로니(Dr. Korony)가 네일 홈 케어방법을 소개하였다.

1925년

네일 폴리시 산업이 본격화되면서 투명한 색상의 네일 폴리시를 일반 상점에서 구입할 수 있게 되었다.

1925년에는 네일 폴리시 시장이 활발하게 움직였으며, 1927년에는 프렌치 매니큐어의 사용 및 제조의 시작으로 흰색 폴리시, 큐티클 크림, 큐티클 리무버가 제조되었다.

1927년

프렌치 매니큐어(french manicure)에 사용되는 화이트 네일 폴리시와 큐티클 크림, 큐티클 리무버가 제조되었다.

1930년

제나(Gena) 연구팀에 의해 네일 폴리시 리무버, 워머 로션(warmer lotion), 큐티클 오일(cuticle oil)이 최초로 등장하였다.

1930년대 빛나는 피부와 여성미를 과시하는 자태
Marlene Dietrich Photograph.

1932년

다양한 색상의 네일 폴리시가 제조되었고 레브론(Revlon) 사에서 최초로 립스틱과 잘 어울리는 색상의 네일 폴리시를 출시하였다.

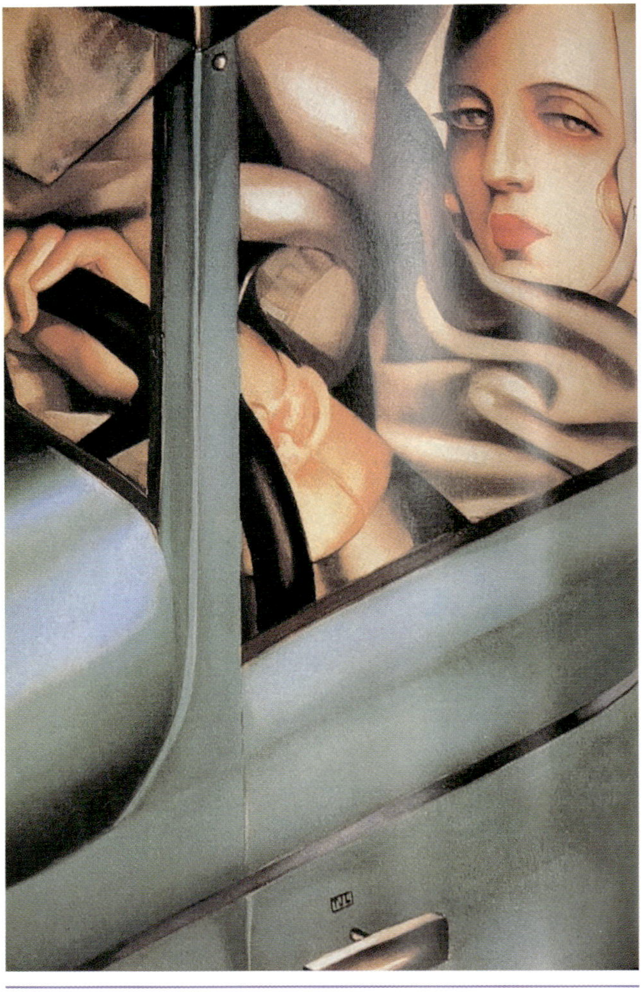

1930년대 Tamora de Lempicka의 자화상

1935년

인조 손톱(네일팁)이 개발되었다.

1930년대 American VOGUE Cover, 1939

1940년

여배우 리타 헤이워드(Rita Hayeorth)가 긴 손톱에 레드 폴리시로 풀코트(full coat)를 유행시켰다. 남성들도 이 발소에서 습식 매니큐어 관리를 받기 시작했다.

1940년대 마네킨과 실제 모델 1945.
Photography by Ewin Blumefeld.

1940년대 Jacques-Henri는 자신의 아내 Florett의 손톱이 너무 우습다고 생각하자 그녀는 자신의 손가락 전체를 극적인 효과를 위해 푸르게 칠했다. 1947 Paris. Photography by Jacques-Henri Lartigue.

1948년

미국의 노린 레호(Noreen Reho)에 의해 매니큐어 관리에 도구와 기구를 사용하게 되었다.

6 현대 : 1950~1990년대

1950년

자연 네일에 가까운 자연적인 컬러가 유행하였고, 헬렌걸리(Helen Gouley)가 처음으로 미용학교에서 네일 케어를 학생들에게 가르치기 시작하였다.

1950년대 콜게이트 팜 올리브-피트 회사의 광고
Photography by Ruzzie Green. Courtesy keith de Lellis Collection

1956년

헬렌 걸리(Helen Gouley)가 최초로 미용학교에서 네일미용을 가르치기 시작했다.

1957년

패디큐어(pedicure)가 등장하였다. 네일 팁(nail tip)의 사용이 현저히 늘었으며 패티 네일(pattinail)이라고 불렸던 포일(foil)을 사용하여 시술한 아크릴릭 네일(acrylic nail)이 최초로 행해졌다.

1950년대 완벽한 화장은 거리에서 여자를 위해서는 적합했다.
Photography by John Rawlihss.

1960년

실크와 린넨 등을 이용하여 길이를 연장하는 것뿐만 아니라 약한 네일을 보강하기 시작하였다.

1970년

치과에서 쓰는 재료를 이용한 아크릴 네일이 개발되어 본격적인 아름다움을 표현하기 시작했다.

1950년대 Revlon's 'Fire & Ice' 광고, Dorian Leigh, 1952.
Photography by Richard Avedon. Courtesy Revlon.

1960년대 미국 젊은이의 반항적인 섹시함의 본보기, 나탈리우드, 1961.
Photograph by Ernst Haas/Magnum.

1967년

손톱 케어 외에 발톱을 관리가 시작하였고, 여성들의 사회진출 기회가 높아지면서 본격적으로 네일 팁과 아크릴릭 네일 시술이 행해지기 시작하였다.

1960년대 우주시대의 여신, 햇볕에 그을린 모습의 캔이스 버겐, 1964.
Photography by Vosta Manos / Magnum.

1973년

미국 네일 회사(IBD: International Beauty Depart- ment)가 처음으로 네일 접착제와 접착식 인조 네일을 개발하여 인조 손톱이 활기를 띠었다.

1975년

미국식약청(FDA : Food and Drug Administration)에 의해 인체에 유해하다고 판명된 메틸 메타크릴레이트(Methyl Methacrylate/MMA)의 아크릴 화학제품이 사용 금지되었다.

1982년

미국의 네일리스트 타미 테일러(Tammy Taylor)가 파우더, 프라이머, 리퀴드 등의 아크릴 제품을 개발하였다.

1980년대 초현실적 시리즈, 발톱 달린 손,
Photography by Mattew Roiston. Courtesy Fahey/
Klein Gallory, Los Angles.

1989년

1989년대에 들어와서는 네일 시장이 급성장하게 되었다.

1992년

1992년 인기스타들에 의해 네일이 대중화되었다.

1994년

독일에서 라이트 큐어드 젤 시스템(light cured gel system)이 등장하였고, 뉴욕 주에서는 네일 테크니션 면허제도를 도입하였다.

1996년

한국에 네일 아트가 들어온 시기는 1996년 압구정동 백화점에 네일 코너가 입접되면서 일반인들에게 알려지기 시작하였다. 네일 전문숍인 “쎄씨 네일”, “헐리우드 네일” 등이 오픈하였으며 미용실이나 피부관리실 등에 속한 ‘숍인숍(shop in shop)’의 형태로 자리 잡기 시작하였다.

1997년

미국 레브론 계열사인 크리에이티브 네일사가 한국과 독점 계약을 체결하였고, 한국네일협회가 결성되었다.

7 2000년대

경제 성장과 네일 미용 산업의 발전으로 네일 미용 전문가의 성장을 가져왔으며, 연령과 성별에 관계없이 청결하고 아름다운 네일이 현대인들에게 생활의 필수적인 요소로 정착되었다.

핸드 페인팅, 에어 브러시, 젤아트, 디자인 스컬프처, 2D, 3D 등의 다양한 네일 아트 기법이 등장하였으며, 전문적인 네일 기술인 핸드 드릴이 개발되었다.

트렌드에 따른 새로운 아이템 기법과 다양한 네일 제품이 개발되고 있다.

02

손톱 해부학

손톱의 형성

손톱의 주성분인 케라틴(keratin)은 인체에서 가장 강한 표피구조물이며, 숨을 쉬거나 휴식을 필요로 하지 않는다. 손톱 문제로 방문한 고객에게 네일 관리와 유지 방법에 대해 설명할 때 손톱의 해부구조와 기능에 관해서도 설명할 수 있어야 전문적인 네일리스트가 될 수 있다.

1 손톱의 형성

인간의 손톱은 태아가 자궁에서 형성될 때 나타나기 시작한다. 임신 8~9주경에 손톱이 형성되는 부위에서 표피의 각질층과 투명층이 반투명의 각질판으로 변하는데, 이것을 '손톱의 태동'이라고 한다. 대략 임신 10주 후부터 생장 형성부가 자라서 손가락 끝에 붙는다. 이 시기에 각질화된 조직의 뼈가 편평하게 펴지고 그 주위의 손톱이 앞으로 자란다.

손톱 성장 부위는 임신 12~13주까지는 완성된다. 약 14주에는 손톱 형성 중심접합부로부터 자라 나오는 손톱을 볼 수 있다. 그 이후의 손톱 성장속도는 태아의 성장속도에 영향을 주는 많은 요인들에 달려 있다.

임신 17~20주까지는 완전히 자란 손톱을 볼 수 있다. 태아의 발톱은 손톱보다 약 10일 정도 늦게 생겨난다.

손톱의 성장

손톱은 전문적 용어로는 "오닉스(ONYX)"라고 하는데, 손톱의 케라틴은 피부나 모발의 케라틴보다 딱딱하고 하루에 약 0.14~0.4mm 정도 자라며, 발톱은 손톱보다 천천히 자란다. 손톱이 완전히 자라서 대체되는 기간은 5~6개월 정도이다.

성장은 가운데 손톱이 가장 빠르고, 엄지손가락이 가장 늦다. 왼손잡이는 왼손의 손톱이 빨리 자라며, 또한 겨울보다 여름에 더 빨리 자란다.

건강한 손톱은 부드럽고 광택이 나며 투명한 핑크색을 띤다. 손톱은 인체의 건강 상태를 측정하는 거울과 같은 것으로, 인체의 어느 한 부분이라도 이상이 생기면 손톱이 불완전한 성장을 하여 비정상적이 된다.

손발톱은 손가락과 발가락의 가장 끝의 표면에 있는 단단하고 반투명하며 편평한 사각형을 닮은 판으로, 건강할 때는 약 0.5~0.75mm의 긴 두께이며, 전 생애 동안 성장한다. 그러나 개체가 사망하면 손·발톱의 성장도 정지한다. 사람이 죽은 후에도 2~3일 동안은 손·발톱이 자라는 것처럼 보이나, 실제로는 손·발톱 주변의 외피가 수축하여 나타나는 현상일 뿐이다.

구성성분

케라틴의 주성분인 섬유 단백질은 탄소 51.9%, 산소 22.39%, 질소 16.09%, 황 2.80%, 수소 0.82%로 구성되어 있으며, 네일 바디(nail body)에서는 땀이 배설되지 않지만 대략 15~18%의 수분을 함유하고 있다.

손톱의 구조와 기능

1 손톱

네일바디(Nail body, 조체)

네일 플레이트(Nail plate, 조판)라고도 하며 손가락 끝의 등쪽에 붙어 있고, 여러 층으로 구성되어 있으며, 신경이나 혈관은 없다. 손톱의 아랫부분은 약하고 네일 베이스로 갈수록 강해진다.

네일 루트(Nail root, 조근)

네일 베이스의 피부 밑에 묻혀 있는 얇고 부드러운 네일 루트는, 새로운 세포가 만들어져 네일의 성장이 시작되는 곳이다.

프리 에지(Free edge, 자유연)

네일의 끝부분으로서 네일 베드가 없이 네일만 자라는 곳이다.

네일베드(Nail bed, 조상)

네일 밑에 위치하여 네일바디를 받치고 있으며, 그 밑 부분은 혈관과 신경이 분포하여 네일의 신진대사와 수분 공급의 역할을 한다.

네일 매트릭스(Nail matrix, 조모)

네일 루트 밑에 위치하여 네일 각질세포의 생산과 성장을 조절하며 혈관, 신경, 림프관이 분포한다. 네일 매트릭스가 손상을 입게 되면 네일 성장이 저해되므로 특별히 주의해야 한다.

루눌라(LUNULA, 반월)

완전히 케라틴화되지 않은 네일 바디의 베이스에 있는 유백색의 반달 모양을 일컫는다.

2 손톱 주위의 피부

큐티클(조소피, Cuticle)

네일 주위를 덮고 있는 신경이 없는 피부로 미생물 등 병균의 침입으로부터 네일을 보호하는 역할을 한다. 정상적인 큐티클은 적당한 수분과 탄력으로 갈라짐이 없어야 한다.

에포니키움(상조피, Eponychium)

네일의 베이스에 있는 가는 선의 피부로 루눌라를 부분적으로 덮고 있다.

하이포니키움(하조피, Hyponychium)

프리에지 아래 부분의 돌출된 피부를 말하며 세균의 침입으로부터 네일을 보호한다.

네일 폴드(조주름, Nail fold)

네일 루트 위에 깊게 접혀있는 피부 속 주름으로 네일 루트를 고정시키고 있는 부분이다.

네일 그루브(조구, Nail groove)

네일 베드의 양 측면에 좁게 패인 곳으로 네일 월을 당겼을 때 나타나는 홈 부분이다.

네일 월(조벽, Nail wall)

네일 그루브 위에 있는 네일 양쪽 측면의 피부로 네일 양옆을 고정하고 있는 부분이다.

하이포니키움(Hyponychium, 하조피)

프리 에지 밑부분의 피부이다.

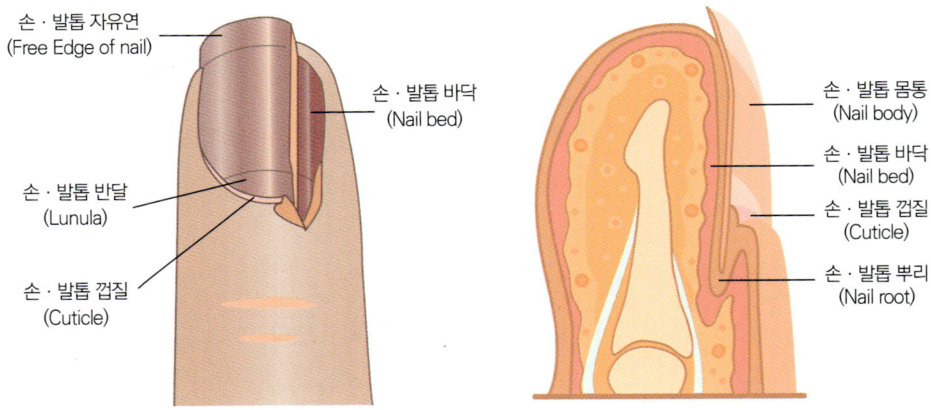

네일 구조

Memo

03

손톱의 기본 형태

스퀘어(Square Shape)

파일의 각도는 90도로 사이드를 굴리지 않고 직각으로 살린 형태로 손톱의 끝을 많이 사용하는 사람들에게 추천한다.

라운드(Round Shape)

프리 에지 부분에 각이 없이 둥근 모양으로 무난한 손톱의 형태로 남녀노소 선호한다.

오벌(Oval Shape)

라운드 형태보다 손톱의 길이를 길게 하여 양쪽 사이드를 더 많이 둥글게 파일링한 것으로 손가락이 가늘고 길어 보이게 하는 효과가 있다.

포인트(Pointed Shape)

끝이 뾰족한 모양으로 아몬드(alomond) 형태라고 한다. 성숙한 디자인으로 잘 부러지는 단점이 있다.

코핀(Coffin Shape)

손톱 끝이 잘 부러지는 아몬드 쉐입의 단점이 보완된 형태이다. 아몬드 쉐입에서 끝부분만 일자 형태로 파일링한다.

오프 스퀘어(Off Square Shape)

스퀘어 형태와 비슷하나 양쪽 모서리를 둥글게 다듬는다.

04

네일 기본 관리

네일 미용제품

1 네일 기기의 종류와 특성

네일 작업대[1)]

1) 사진 출처 https://shop-phinf.pstatic.net/20230804_263/16911293270934KnG1_JPEG/16844320679981110_1097216623.jpg

네일리스트가 고객의 손을 관리하는 작업 테이블로 높이와 폭을 고려하며, 재료를 보관할 수 있는 서랍이 부착되어 있고, 화학제품에 손상되지 않는 재질이어야 한다.

온장고[2)]

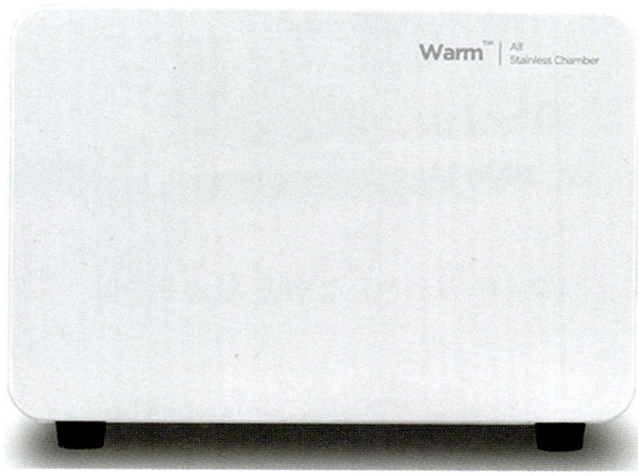

물에 적신 타월의 온도를 따뜻하게 유지하여 보관하는 기기로 네일 마무리 단계에서 고객의 손을 닦아준다.

2) 사진 출처 https://shop-phinf.pstatic.net/20230201_121/1675231961385Yv2Rd_JPEG/76367741098560934_1210452679.jpg

자외선 소독기[3)]

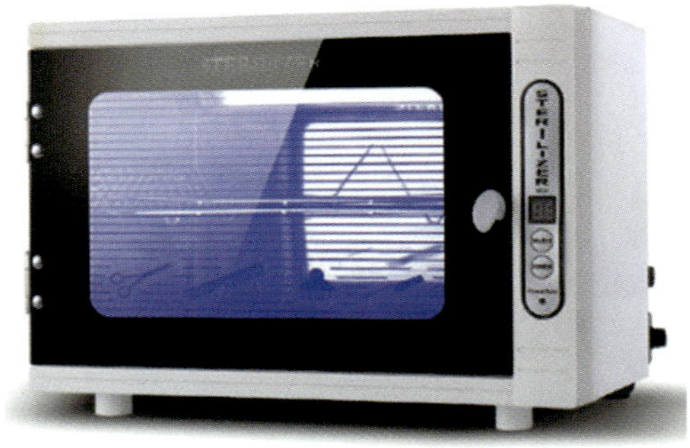

네일 작업 시에 사용되는 금속 도구들은 자외선으로 살균 및 소독한다.

젤 램프[4)]

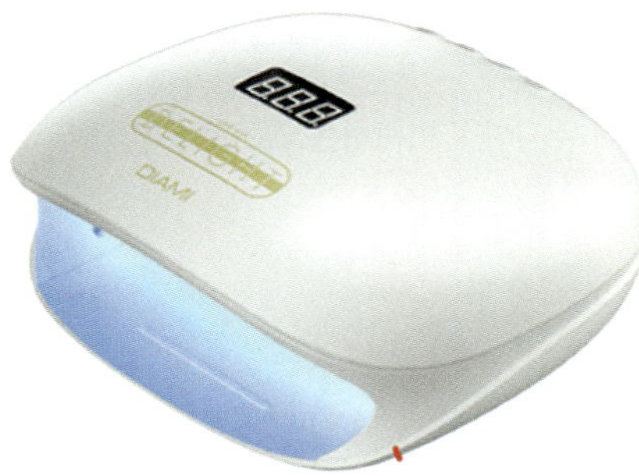

젤 네일 관리 시 사용하는 램프로 UV, LED, 빌더 등 젤을 완벽하게 경화시킨다.

3) 사진 출처 https://cdn.011st.com/11dims/resize/600x600/quality/75/11src/product/5781712276/B.jpg

4) 사진 출처 https://diamishop.com/web/product/big/20191113/5043146e6308f042dcc9b1c690440c60.jpg

흡진기

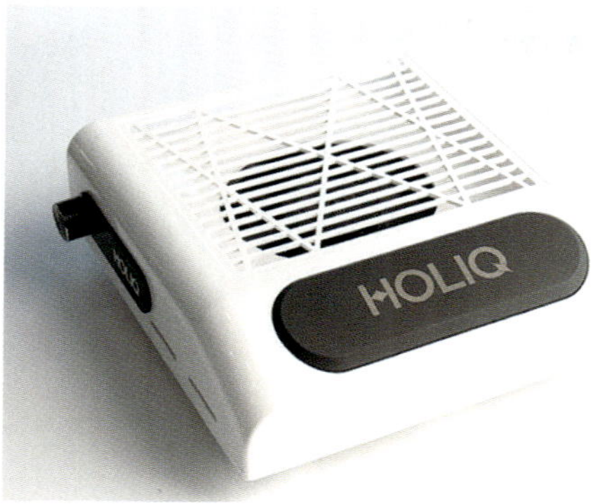

네일 파일링 작업 시 발생하는 분진과 아트 작업 시 발생하는 글리터 잔여물을 흡입하는데 사용한다.

핀큐어

3W의 고출력 빛으로 LED 전용 젤을 순간적으로 빠르게 경화시키는 간편한 휴대용 램프이다.

드릴머신과 비트

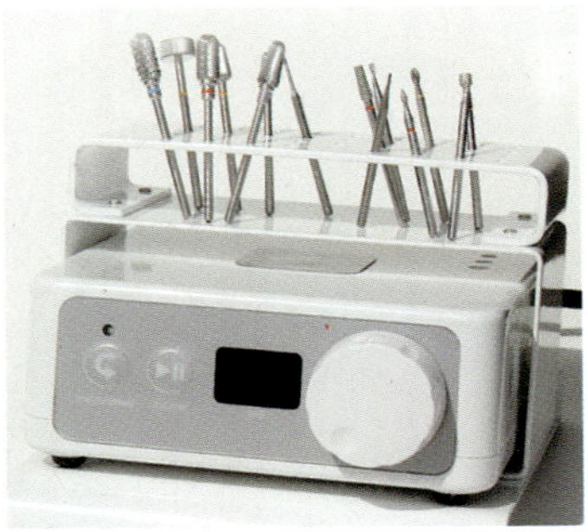

네일 케어와 제거(soak off)를 도와주는 기기로 드릴머신 본체에 비트를 꽂아 사용한다.

2 네일 도구의 종류와 특성

디스펜서

아세톤, 젤 리무버, 젤 클렌저 용액을 필요한 만큼 덜어서 사용하는 펌프식 용기이다.

소독용기[5]

화장솜이나 거즈를 담아 보관한다.

더스트 브러시

작고 미세한 손톱 틈 사이 글리터 제거에 효과적이다.

5) 사진출처 https://nailmall.net/shopimages/ddmnail/001012000052.jpg

니퍼

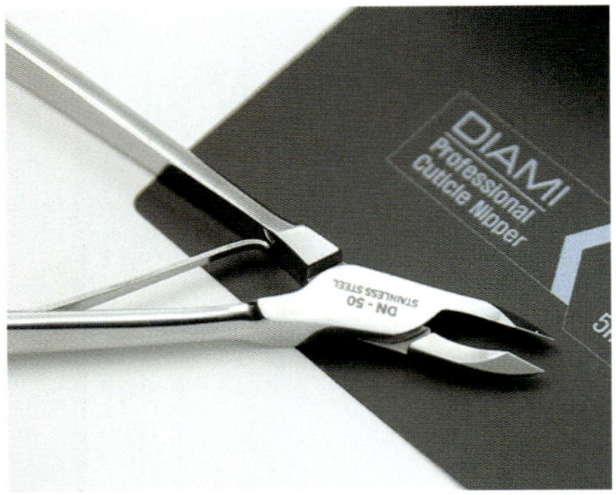

큐티클을 자를 때 사용한다.

푸셔

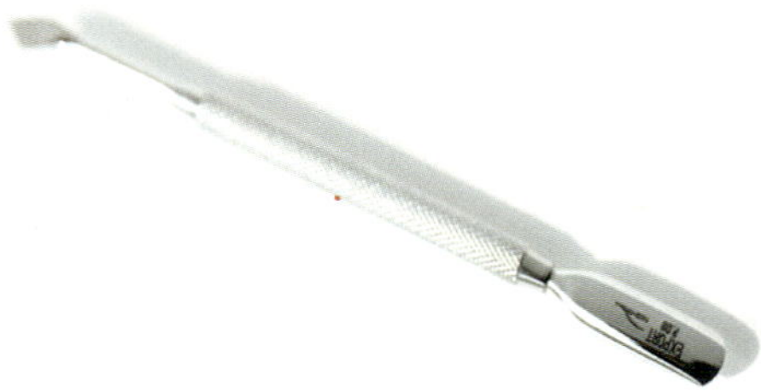

큐티클을 밀어 올릴 때 사용하는 라운드형과 거스러미를 제거할 수 있는 날로 구성되어 있다.

클리퍼

자연 네일과 인조 네일의 길이를 자르는데 사용하며, 날이 굽지 않는 완전 일자이다(고정민, 2022).

실크가위

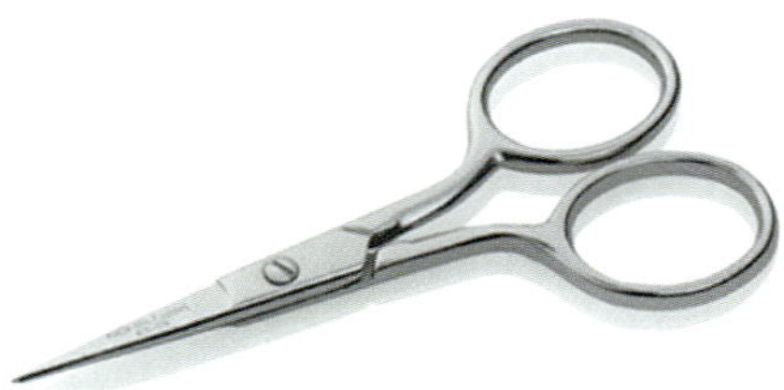

실크, 필름 등 다용도로 사용 가능한 네일 아트용 가위이다.

네일 파일

네일의 길이나 모양, 두께를 조절할 때 사용한다. 파일의 거칠기 정도는 그릿(grit) 번호로 구분하고 번호가 높을수록 파일이 부드럽다(고정민, 2022).

샌딩 블록

인조 네일의 표면을 정리하거나 프리퍼레이션 시 적합하다.

샤이너 버퍼(광파일)

손톱의 광택을 낼 때 사용한다.

3 네일 재료의 종류와 특성

솜(Cotton)

손 소독을 하거나 컬러를 지울 때 등 다양한 용도로 사용한다.

페이퍼 타월

관리 시에 발생하는 분진과 이물질 제거를 위한 받침대와 젤 네일 작업 시에 미경화를 닦아내거나 브러시를 닦는 등 유용하게 사용된다.

팔레트

젤을 덜어서 사용할 수 있다. 세심한 양 조절이 필요할 때 사용하면 된다.

큐티클 리무버

큐티클 주변의 각질을 유연하게 하는 각질 유연제, 푸셔하기 전에 사용한다.

베이스젤

젤네일 시술 시 자연 네일과 젤이 잘 밀착되고 균일하게 도포되도록 발라준다.

젤네일 폴리시

네일에 바르거나 도안을 그릴 때 사용하여 다양한 디자인을 만들 수 있다.

탑젤

젤네일 시술 시 가장 마지막 단계에 바르는 것으로 젤을 보호하고 광택을 부여한다. 논와이프 탑젤은 미경화가 남지 않는 탑젤이다.

멀티 툽 브러시

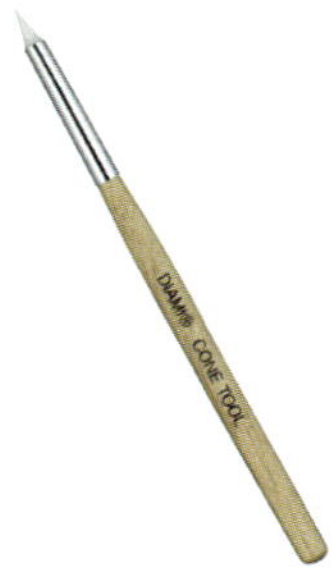

젤을 떠서 덜어쓸 때, 젤과 젤을 믹싱하거나 아트 연출을 할 때 힘없이 휘청거리지 않아 편리하게 사용할 수 있다.

퓨어 아세톤[6]

젤네일을 제거할 때 사용한다.

---

6) 사진출처 https://shop-phinf.pstatic.net/20220724_192/1658646142084l8wuH_JPEG/59782030798424334_1242305480.jpg

젤클렌저

젤 작업 시 미경화된 젤을 닦아내는 제품이다. 잔여물 없이 깨끗하게 닦여 젤의 표면을 더욱 매끈하게 만들어주며, 뛰어난 광택을 만들어 준다. 젤 아트 시에도 사용된다.

젤 브러시

네일 아트를 그리고 디자인하는데 사용되며, 작업 범위와 용도에 맞는 크기와 모양의 브러시를 선택하여 사용한다.

도트봉

마블링 기법을 할 때, 도트를 찍을 때 간편하게 사용할 수 있다.

필름

젤과 함께 사용해서 미러팁 효과, 유리조각 네일, 특별한 베이스 및 탑 만들기에 적합한 홀로그램 필름(호일)이다.

파일링(Filing)

1 파일 사용 방법

네일 파일은 에머리보드(Emery Board)라고도 하며, 자연 네일과 인조 네일의 길이와 모양을 조절하고, 네일 표면 정리, 인조 네일 제거 등 모든 작업에 사용한다.

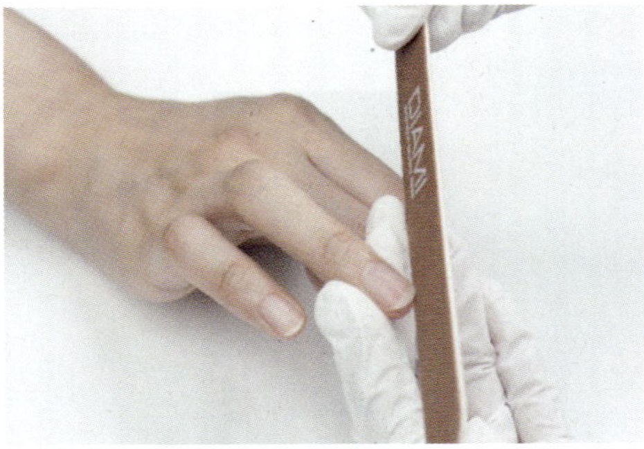

손톱의 길이를 조절할 때는 1지와 2지로 잡고 파일을 가로로 세워 파일링한다.

파일링을 할 때는 손목의 힘을 완전히 뺀 상태로 파일을 잡고 시술한다.

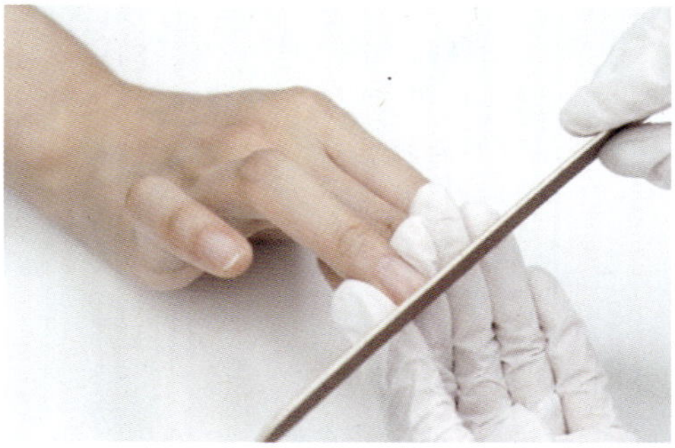

파일을 약 45도 정도로 손톱 밑으로 뉘어서 대고 한 방향으로만 사용한다.

손톱의 사이드 라인은 파일을 위에서 아래로 파일링하면 라운드 형태가 된다.

※ 좌우로 이동을 하면서 양방향으로 파일을 사용할 경우 손톱을 손상시키고, 손톱 밑에 잔여물이 생기게 된다. 파일을 잡는 각도가 클수록 손톱의 형태는 둥글어진다.

파일은 손톱 모양을 다듬어 주는 일 외에도 인조 네일 시 손톱 표면을 다듬는 데도 사용한다.

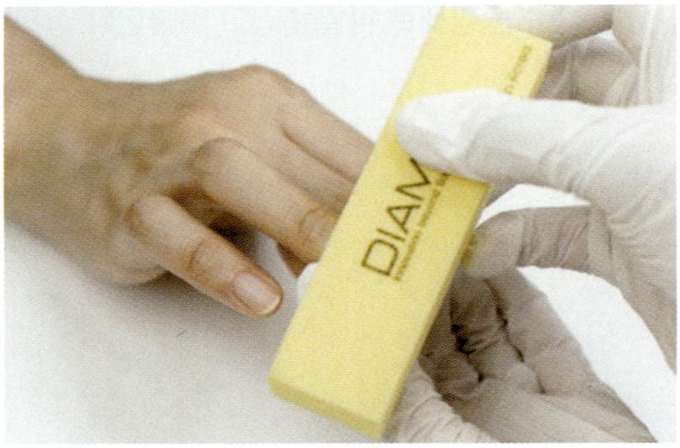

샌딩블록을 사용할 때는 힘을 빼고 가볍게 파일링한다.

2 파일의 구분

네일 파일의 사용 구분은 표면의 그릿(Grit) 숫자에 따라 분류된다.

손톱의 길이와 형태를 잡을 때 사용되며 표면이 부드러운 것부터 거친 것으로 구분된다.

※ Grit : 네일 파일 위에 사용되는 연마제의 수(양)를 표시하는 단위이다. 그릿수가 높을수록 부드럽다.

3 파일의 종류[1]

	**자연 네일용 파일**	자연 네일의 길이 조절과 형태를 조형하는 데 사용한다. 자연 네일은 180그릿 이상의 부드러운 우드 파일을 사용해야 하며, 힘을 주어 비비거나 왕복하지 말고 한쪽 방향으로 사용한다.
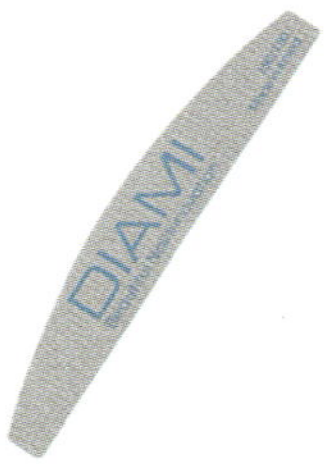	**인조 네일용 파일**	인조 네일 작업 시 인조 네일의 길이 조절과 형태를 조형, 제거 시 사용한다. 그릿 숫자에 따른 적절한 네일 파일을 선택하여 네일 주변 피부에 주의하며 사용한다.
	**샌딩용 파일**	샌딩용 파일 속에 스펀지가 들어 있는 형태로 네일 표면을 매끄럽게 정리해 주거나 자연 네일에 광택을 제거하기 위해 사용한다.
	**광택용 파일**	관리를 마친 마무리 단계에서 네일에 광택을 내는 네일 파일이다. 단계별로 사용하는데 면에 따라 점차 부드러워지며 광택이 난다. 네일의 표면을 비비거나 문질러서 사용한다.

1) 재료제공 : DIAMI NAIL INNOVATION 다이아미(www.diamishop.com)

05

기본 네일

풀컬러 바르기

1 유광(有光, glossy type)

기본 디자인으로 손톱 표면 전체에 컬러를 바른 후 유광 Top gel을 발라 마무리하여 광택 질감을 표현한다.

필요에 따라 도트, 체크, 마블 등 다른 장식적인 요소를 추가하여 다채로운 네일 디자인을 표현할 수 있다.

시술방법과 순서

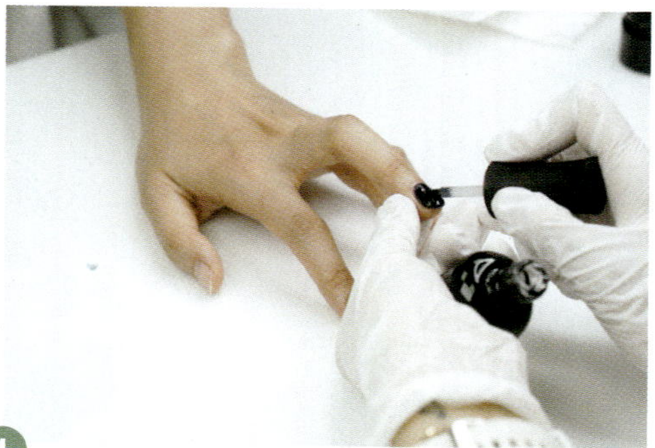

1 손톱표면에 베이스젤을 바른다.

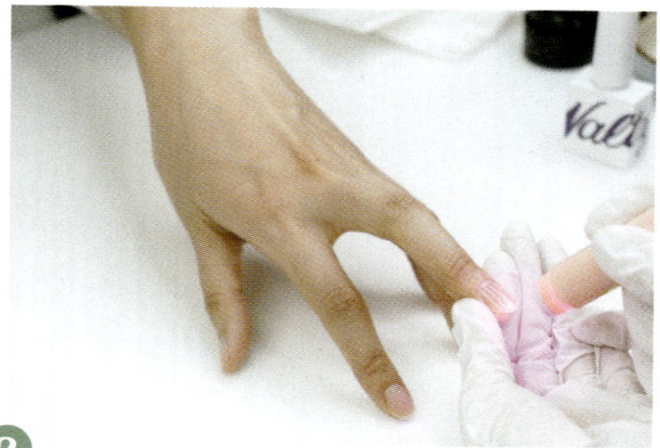

2 60초 큐어링한다.

3 필요에 따라 한 번 더 반복한다.

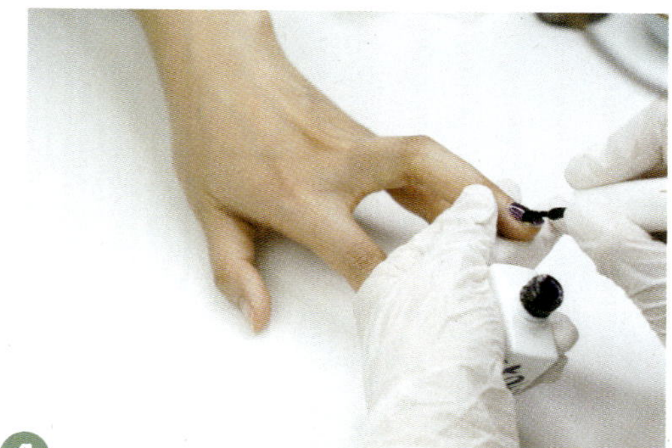

4 컬러젤을 바른다.

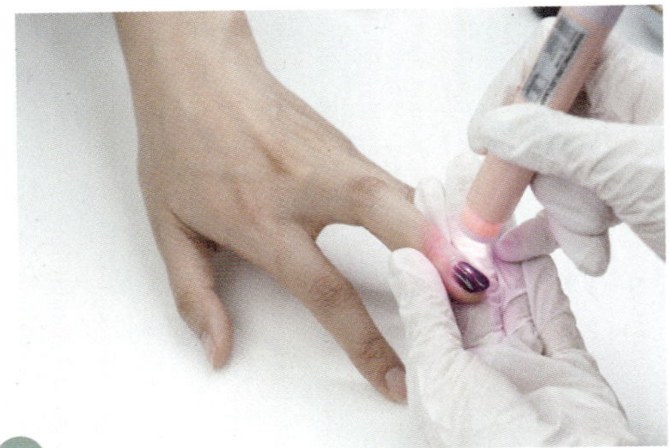

5
60초 큐어링한다(발색에 따라 2~3번 반복).

6
탑젤을 바른 후 60초 큐어링한다.

7
완성된 모습(유광)

유광(有光, glossy type) 젤 적용 디자인

글리터 젤로 풀컬러 적용한 디자인

2 무광(無光, matte type)

기본 디자인으로 손톱 표면 전체에 젤 컬러를 바른 후 무광 Top gel을 발라 마무리하여 매트한 질감(Texture)을 표현한다.

니트 네일, 벨벳 네일, 트위드 네일 등 겨울 네일 아트에 많이 사용되는 질감이다.

시술방법과 순서

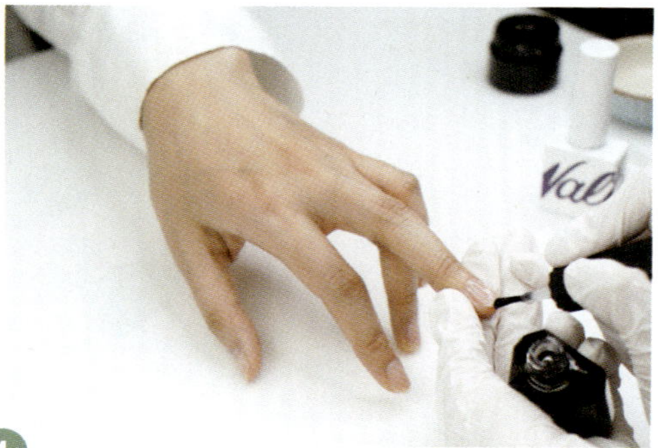

❶ 손톱 표면에 베이스젤을 바른다.

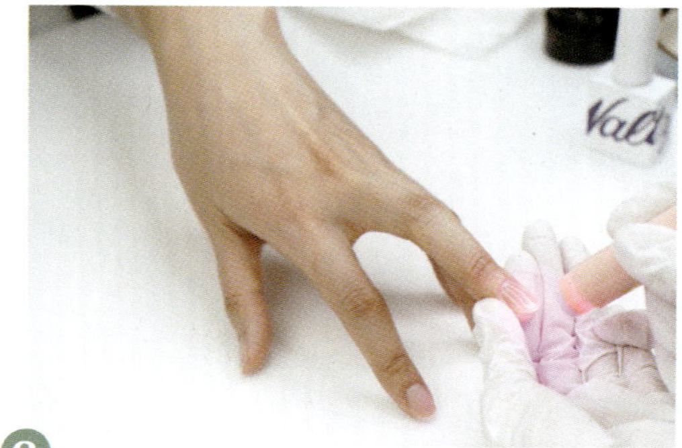

❷ 60초 큐어링한다.

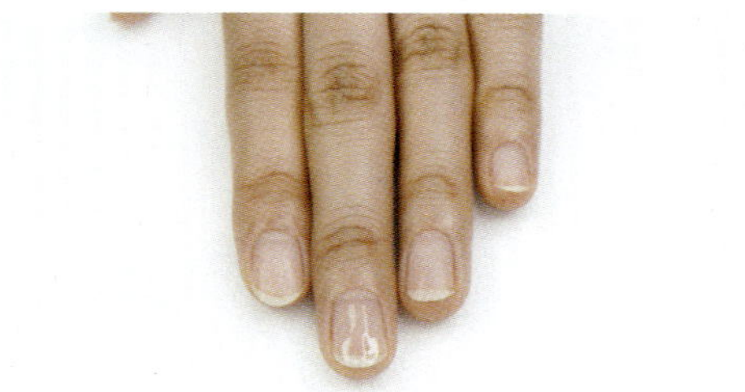

❸ 필요에 따라 한 번 더 반복한다.

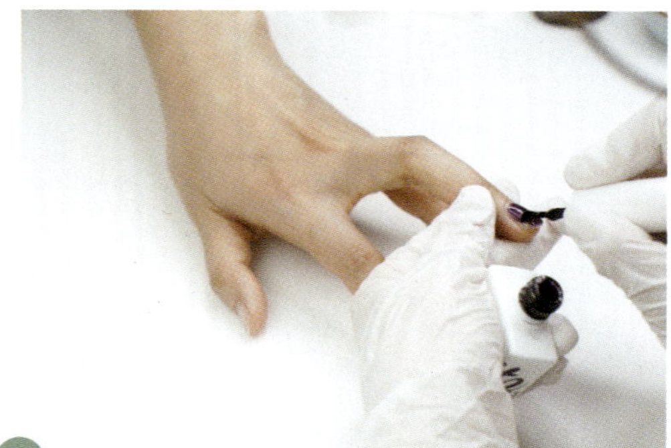

❹ 컬러젤을 바른다.

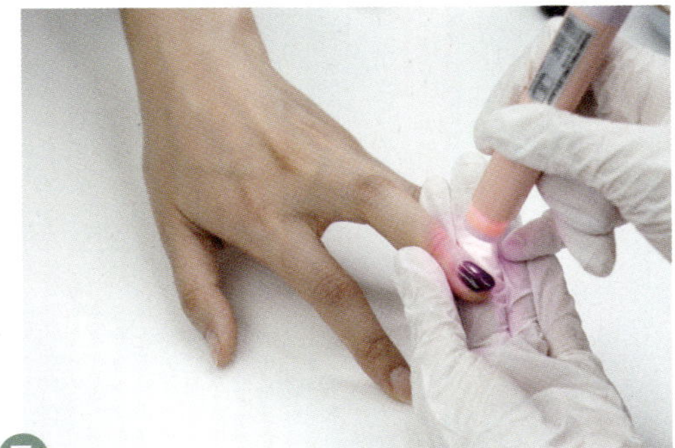

5

60초 큐어링한다(발색에 따라 2~3번 반복)

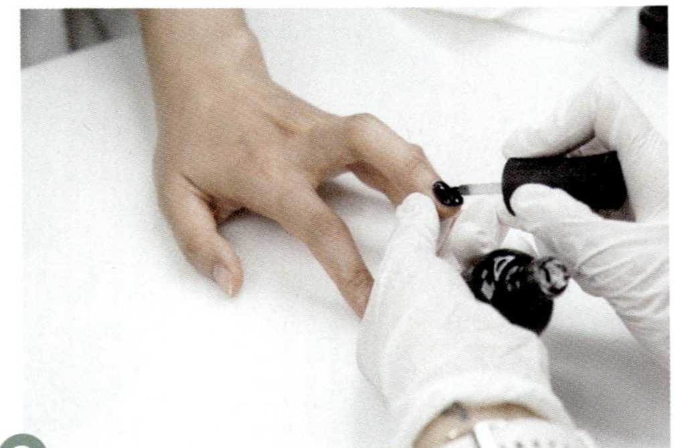

6

탑젤을 바른 후 60초 큐어링한다.

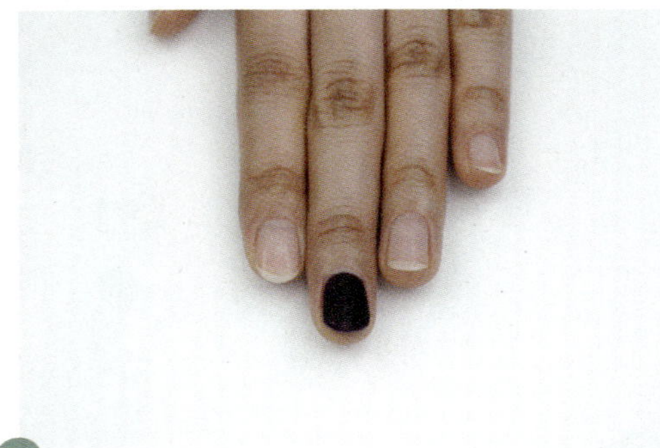

7

완성된 모습(무광)

무광 젤 적용 디자인

프렌치 네일(French nails)

용어 해설

프렌치 네일은 프랑스에서 시작된 스타일로 손톱의 끝을 강조한 심플한 디자인으로 손가락이 길어 보이게 하는 효과가 있다.

시술방법과 순서

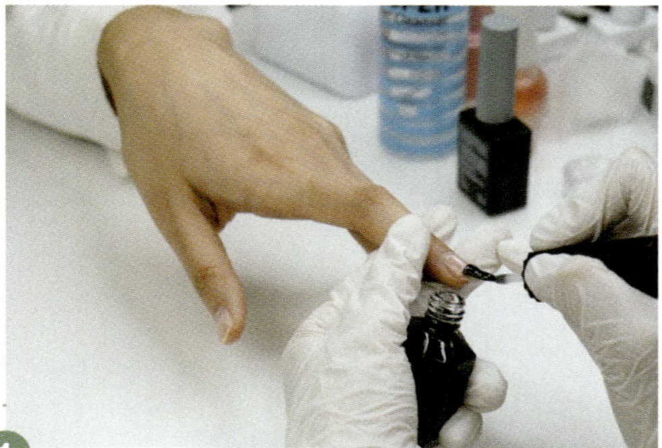

1

손톱 표면에 베이스젤을 바른다.

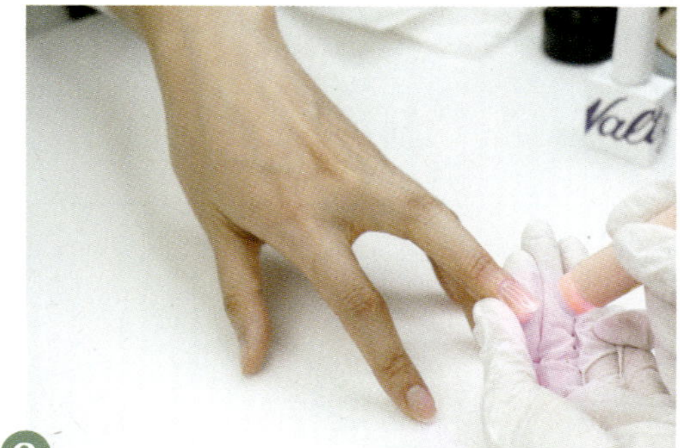

2

60초 큐어링한다.

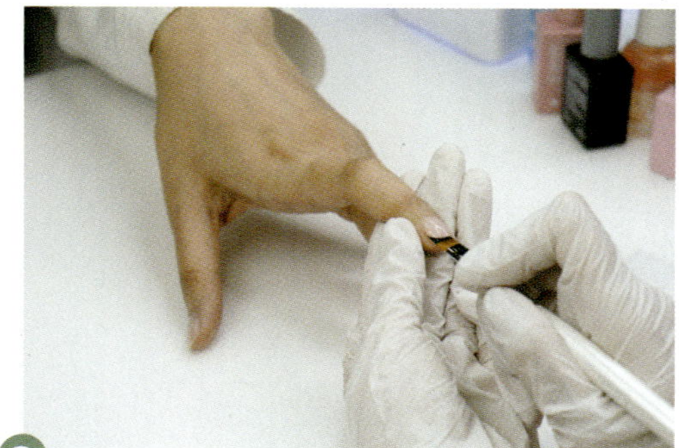

3

프렌치 전용 브러시로 라인을 그린다.

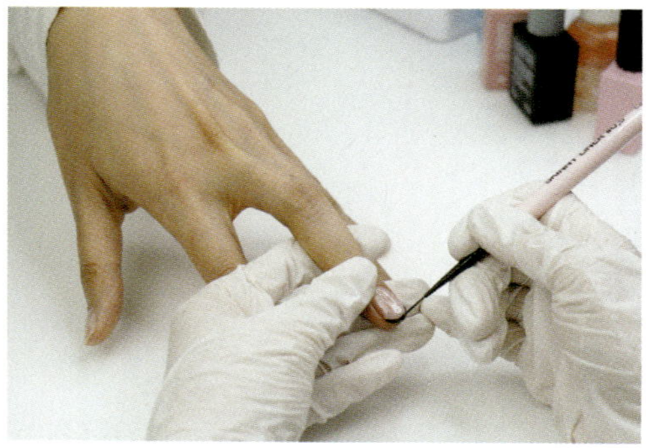

또는 세필브러시로 라인을 그릴 수도 있다.

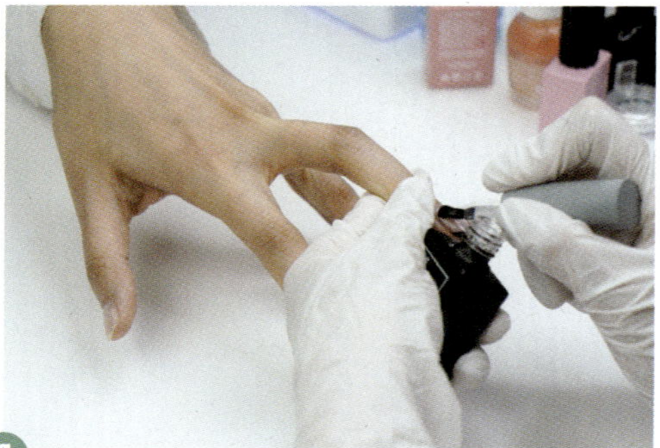

4

탑젤을 바른 후 60초 큐어링한다.

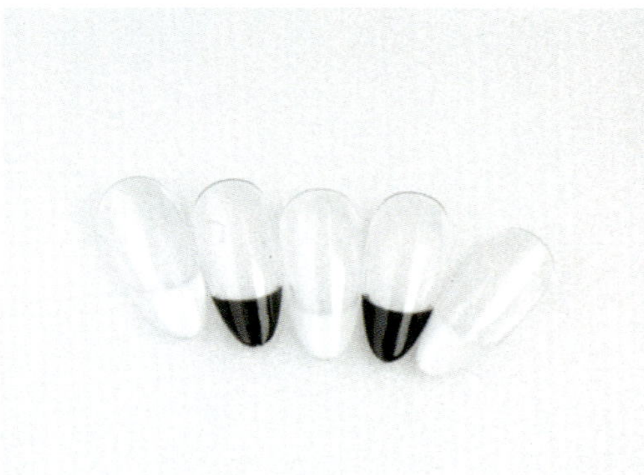

프렌치 네일 적용 디자인

프렌치 네일 적용 디자인

프렌치 네일 적용 디자인

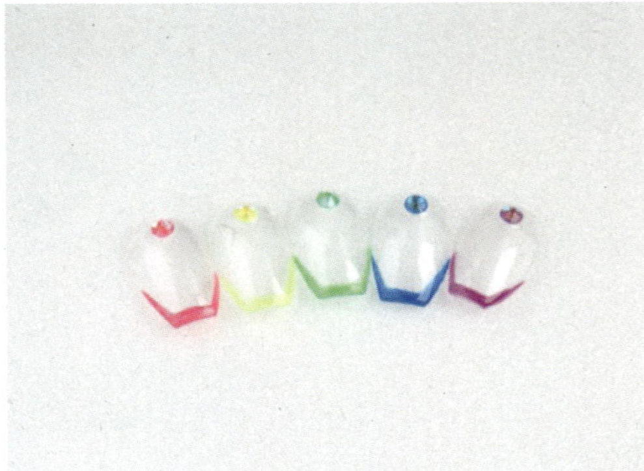

프렌치 네일 적용 디자인

도트 네일(Dot nails)

용어 해설

도트봉으로 점들을 찍어 네일 디자인을 만드는 기법이다. 간단하면서도 다양한 패턴을 구현할 수 있다.

시술방법과 순서

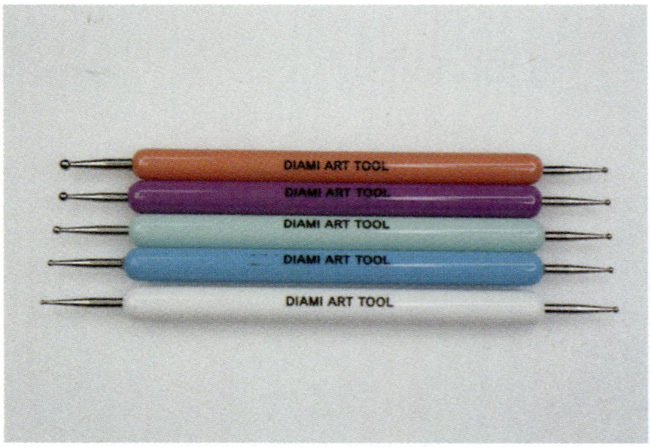

도트봉 이용

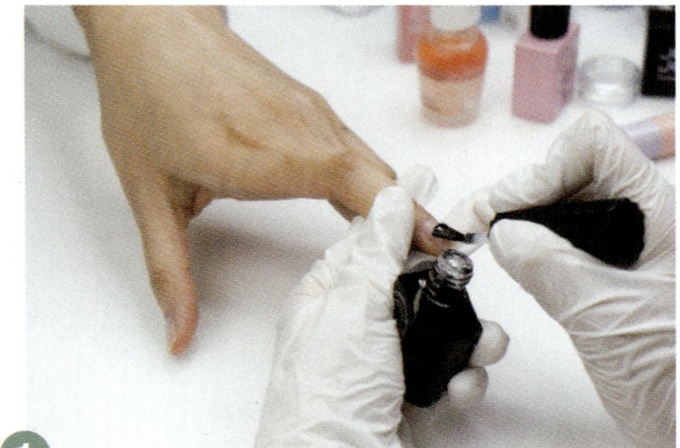

1 베이스젤을 바른다.

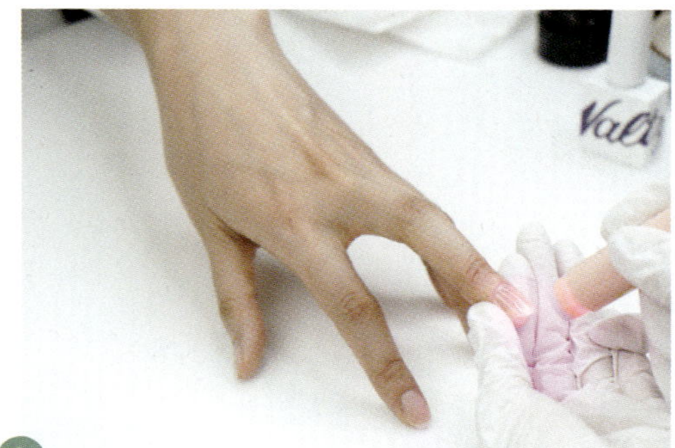

2 60초 큐어링한다.

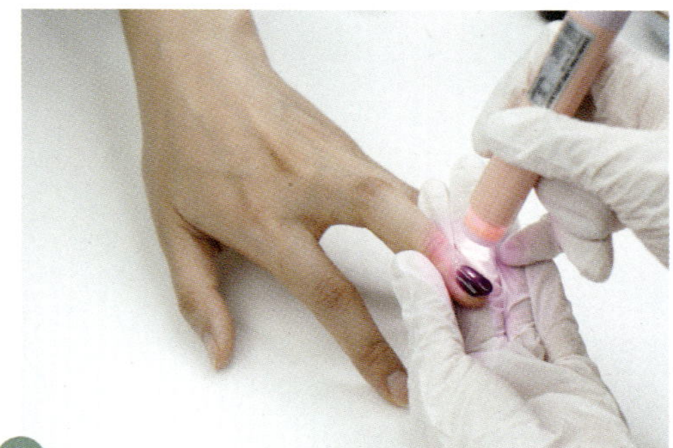

3 바탕 컬러를 바른 후 60초 큐어링한다.

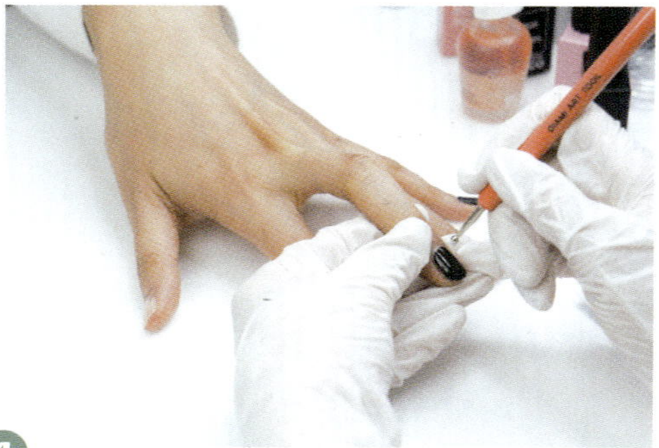

4

도트봉에 컬러를 묻혀 손톱에 찍어준다.

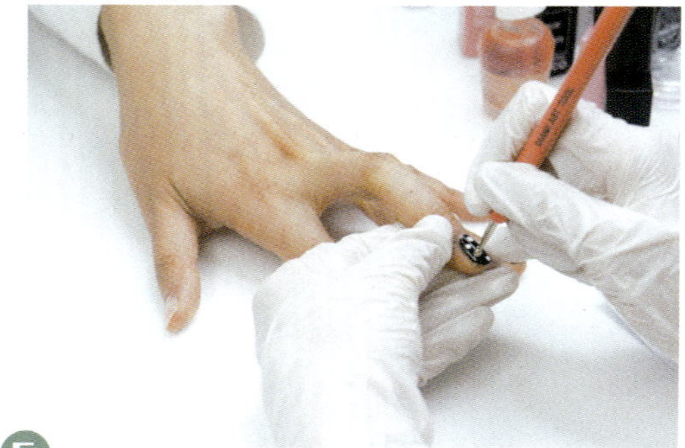

5

원하는 위치와 크기로 작업한다.

6

60초 큐어링한다.

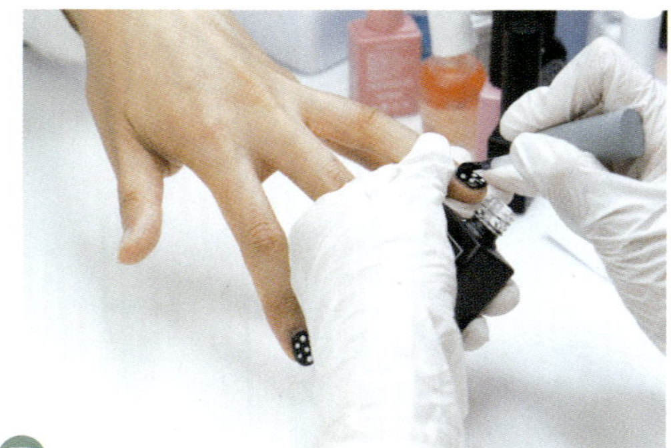

7

탑젤을 바른 후 60초 큐어링한다.

도트를 적용한 네일 디자인

도트를 적용한 네일 디자인

도트를 적용한 네일 디자인

도트를 적용한 네일 디자인

그러데이션 네일(Gradation nails)

용어 해설

색상을 서서히 변화시키는 네일 디자인으로, 부드러운 색상 전환 효과를 만들어 준다. 가장 일반적인 방법은 스펀지나 브러시를 사용한다.

시술방법과 순서

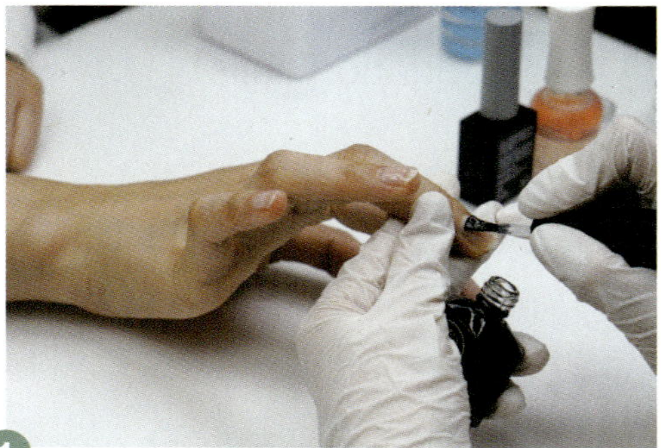

1

베이스젤을 바른 후 60초 큐어링한다.

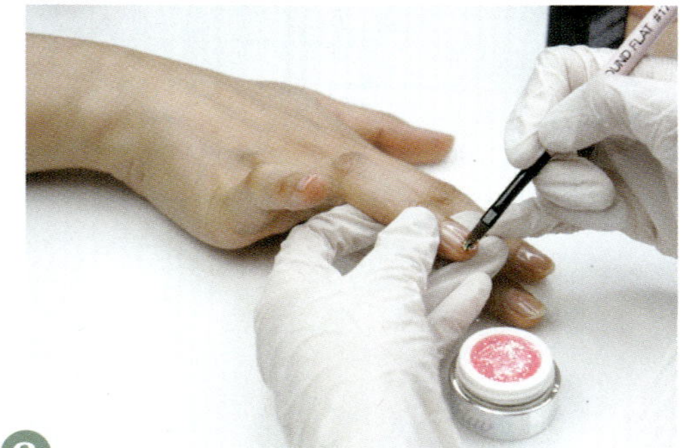

2

컬러 또는 글리터를 손톱 끝부분에 발라준다.

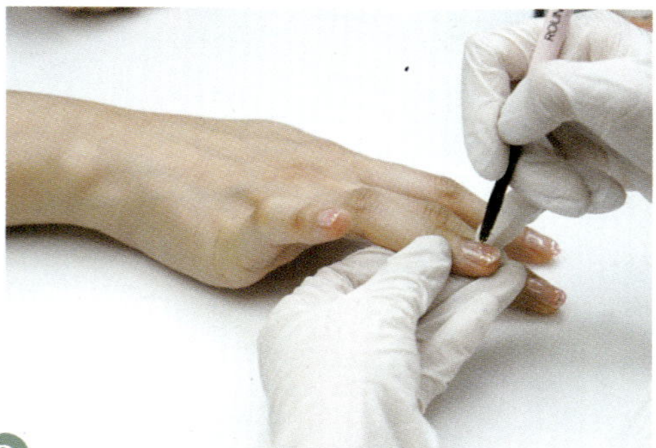

3

깨끗한 브러시로 경계를 풀어준다.

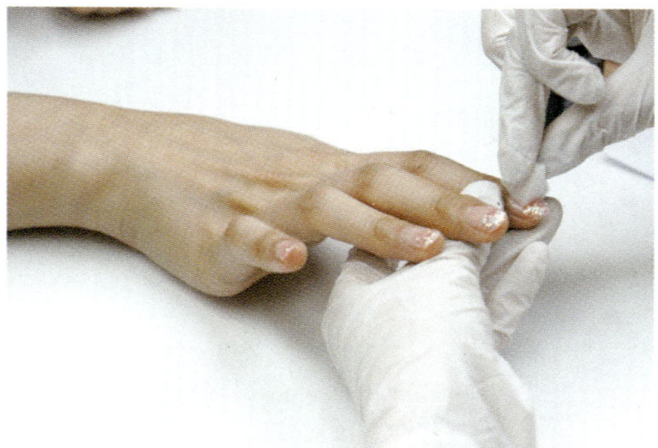

또는 브러시 대신 스펀지를 사용해도 된다.

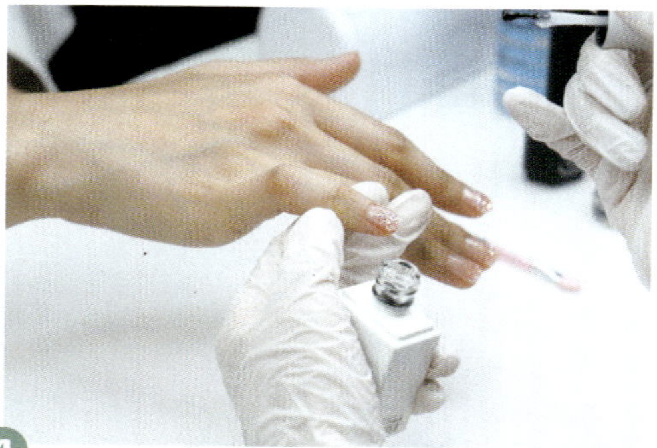

4

탑젤을 바른 후 60초 큐어링한다.

그러데이션한 적용 디자인

글리터를 그러데이션한 디자인

다양한 색상을 그러데이션한 디자인

다양한 색상을 그러데이션한 디자인

다양한 색상을 그러데이션한 디자인

라인테이프 네일(Line tape nails)

용어 해설

라인테이프를 사용하여 네일에 선을 만드는 기법이다. 이 기법은 선을 정확하고 균일하게 그리는 것으로 세련된 패턴을 만들어 준다.

시술방법과 순서

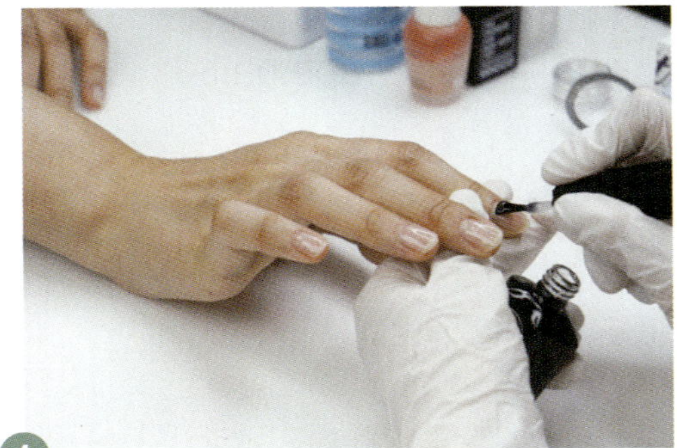

1 베이스젤을 바른 후 60초 큐어링한다.

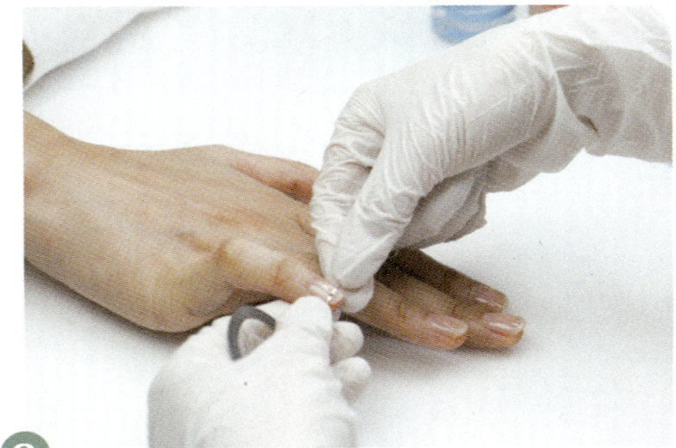

2 젤클리너로 미경화를 제거한 후 라인테이프를 붙여준다.

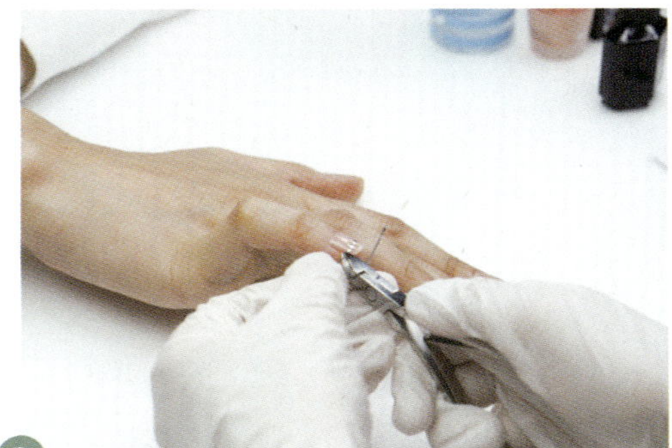

3 양쪽 끝부분을 니퍼로 자른다.

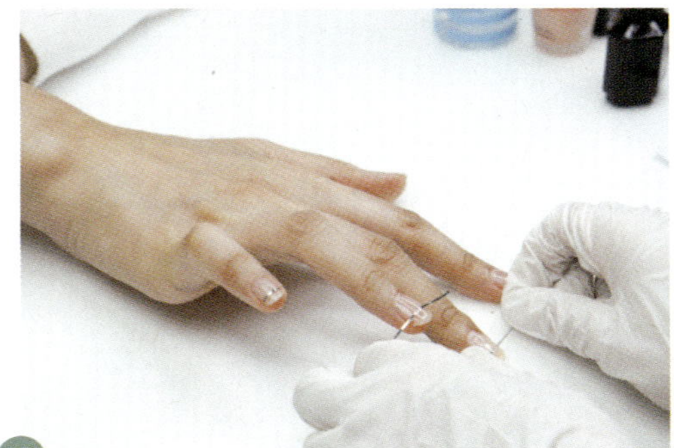

4 다른 손가락도 반복한다.

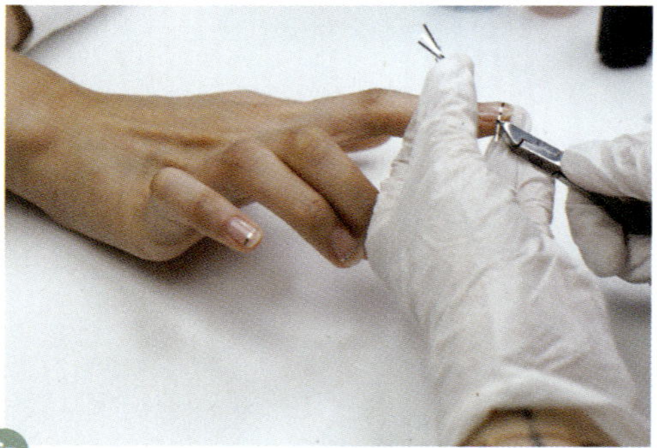

Tip

이때 니퍼로 잘라야 가장자리가 뜨지 않고 깔끔하게 마무리가 가능하다.

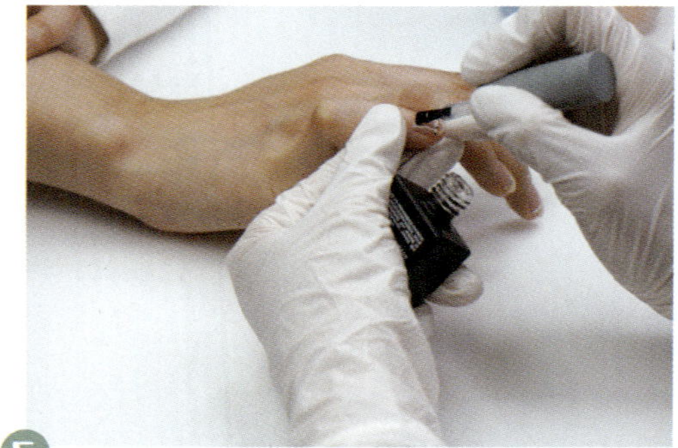

5

탑젤을 바른다.

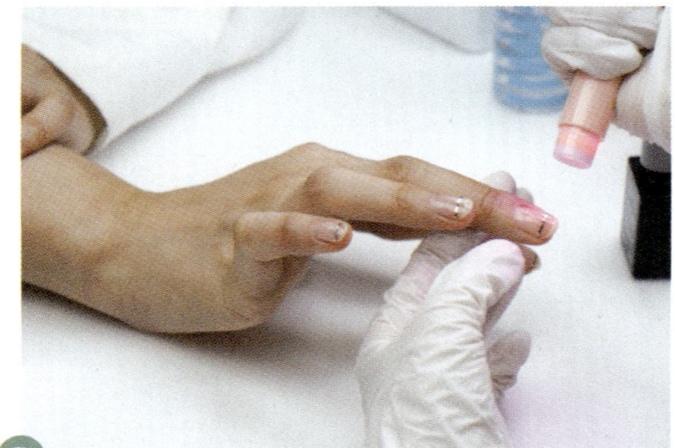

6

60초 큐어링한다.

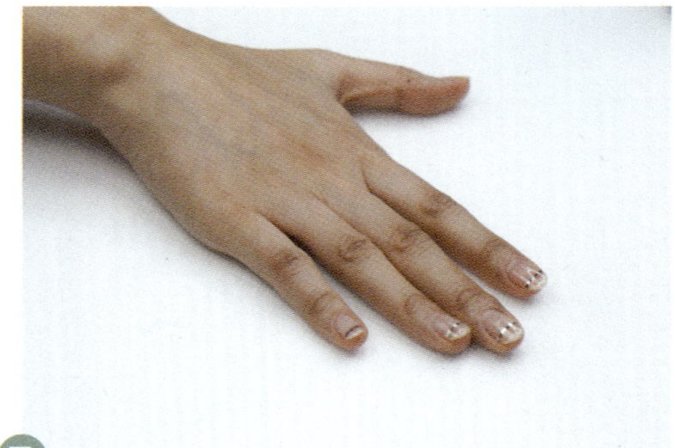

7

완성

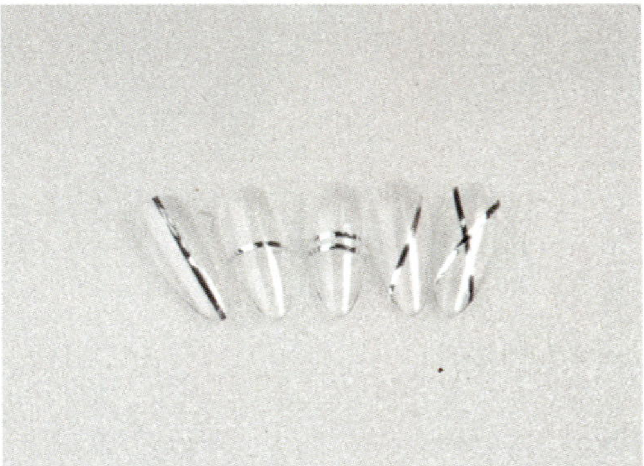

라인테이프를 적용한 디자인

라인테이프를 적용한 디자인

라인테이프를 적용한 디자인

Memo

06

아트 네일

자석 네일(Magnetic Nails)

용어 해설

자석을 사용하여 디자인을 만드는 기법이다. 자석이 들어있는 젤 네일을 바르고 난 뒤 해당 네일에 자석을 가까이 대면 자석에 의해 입자들이 자석의 방향을 따라 움직인다. 이로 인해 특정 패턴 또는 형태로 정렬되어 다양한 시각적 효과를 만들어낸다. 패턴의 정확성과 원하는 효과를 얻기 위해 자석을 사용하는 방법을 충분히 연습하는 것이 중요하다.

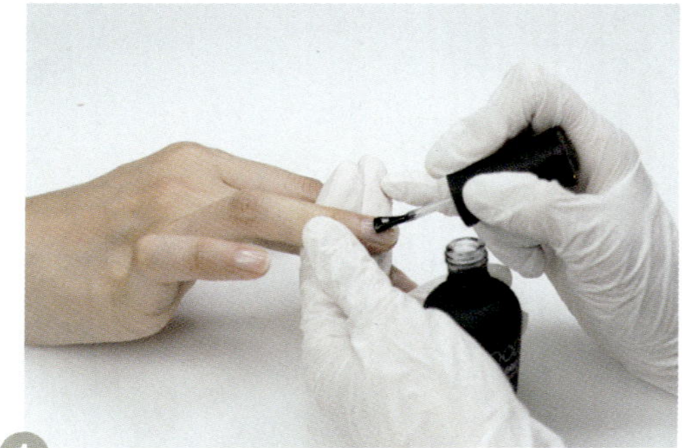

1 손톱 표면에 베이스젤을 바른다.

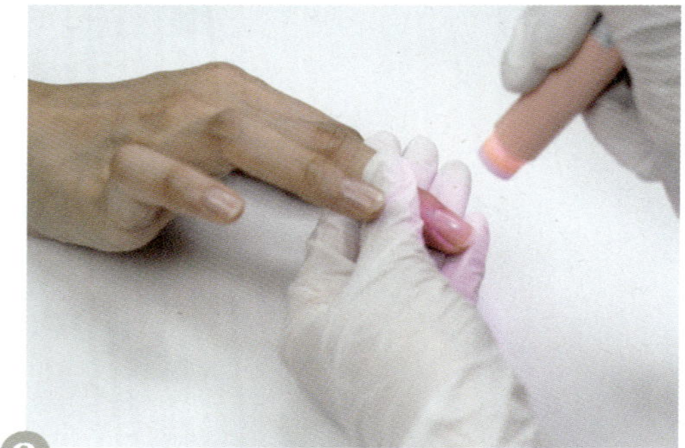

2 램프에 60초 큐어링한다.

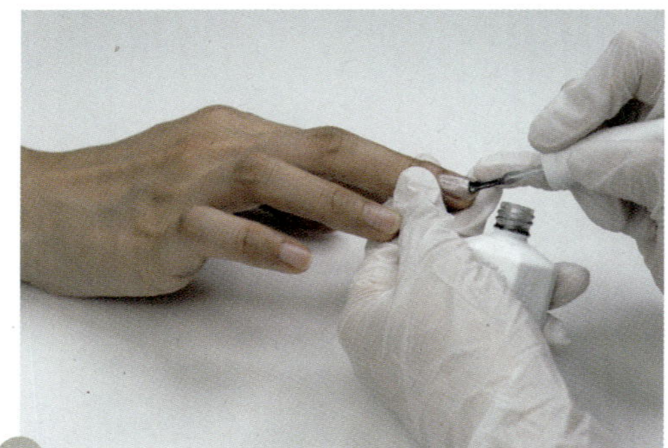

3 자석젤을 바른다.

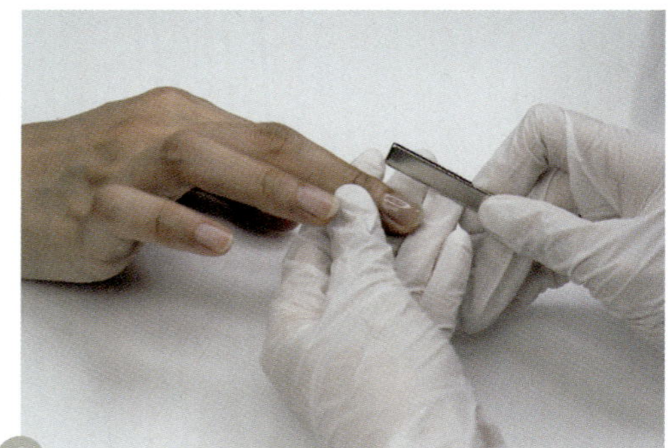

4 자석을 이용해서 원하는 모양으로 디자인 후 60초 큐어링한다.

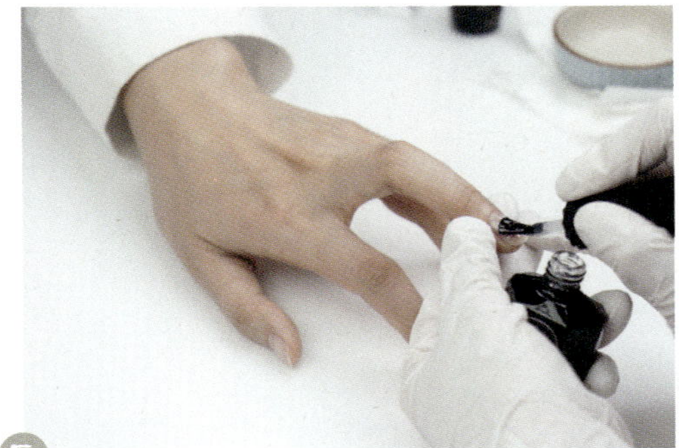

5 탑젤을 바른 후 60초 큐어링한다.

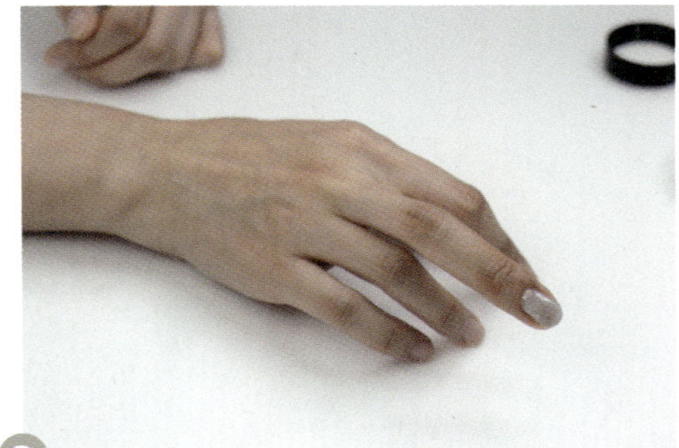

6 완성

자석젤을 적용한 디자인

자석젤을 적용한 디자인

자석젤을 적용한 디자인

자석젤을 적용한 디자인

풀스톤 아트(Full Stone Art)

용어 해설

네일에 다양한 모양과 크기의 스와로브스키(Swarovsk) 스톤을 사용한 디자인으로, 반짝이고 화려한 효과를 내며 손톱을 더욱 고급스럽고 아름다워 보이게 한다.

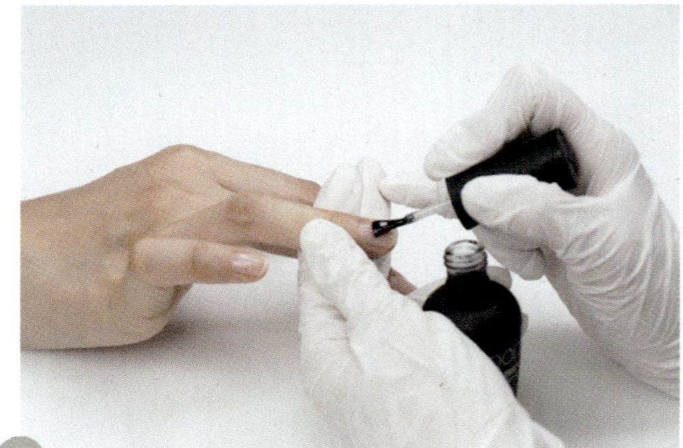

1 손톱 표면에 베이스젤을 바른다.

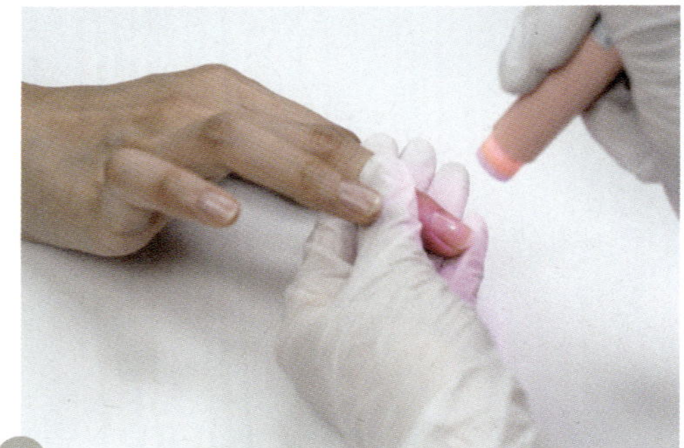

2 램프에 60초 큐어링한다.

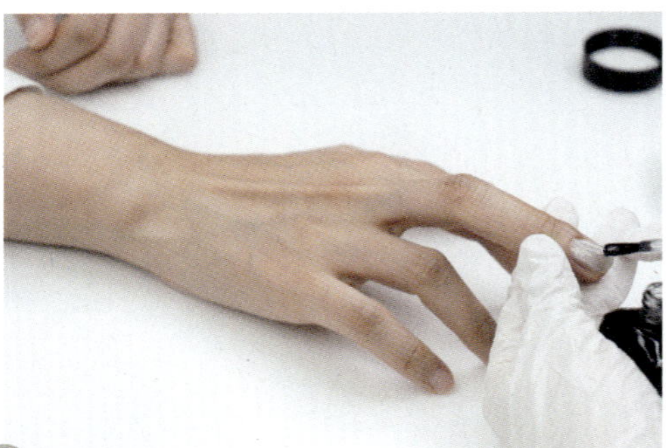

3 클리어젤을 바른다.

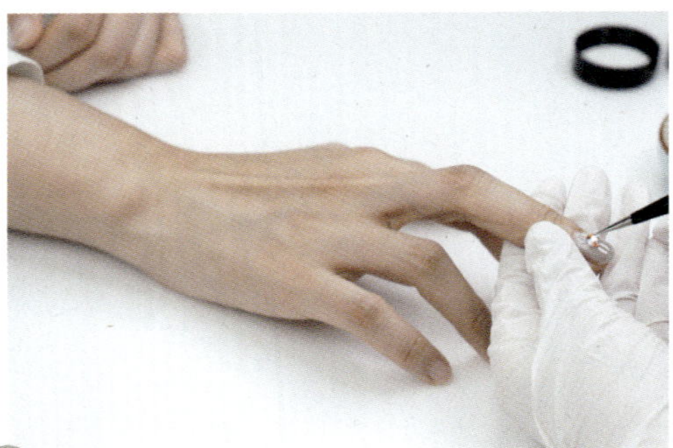

4 파츠나 스와로브스키를 원하는 위치에 올린다.

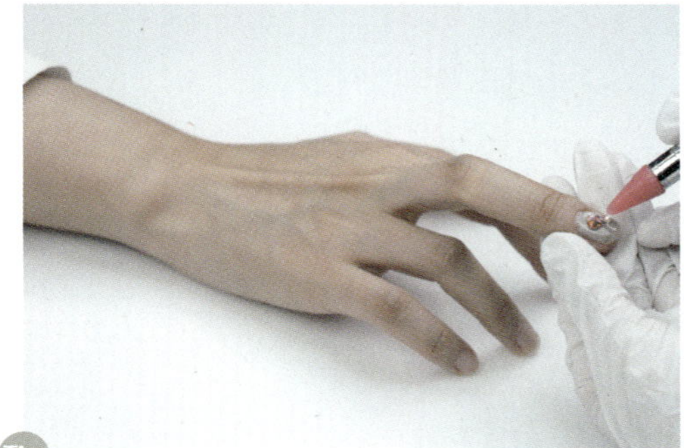

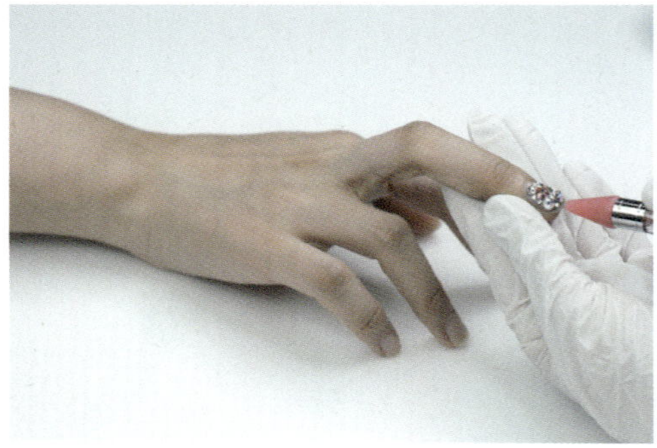

Tip

이때 실리콘 팁을 이용하여 파츠를 올리면 작업하기 수월하다.

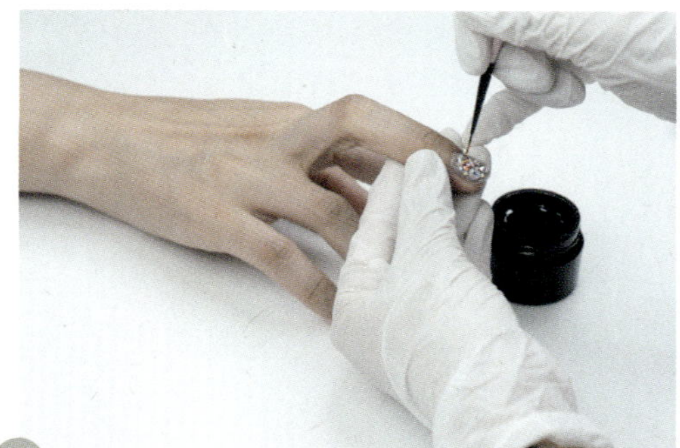

5

세필 브러시를 스톤 사이에 클리어젤을 꼼꼼히
메워줘야 표면이 부드럽다.

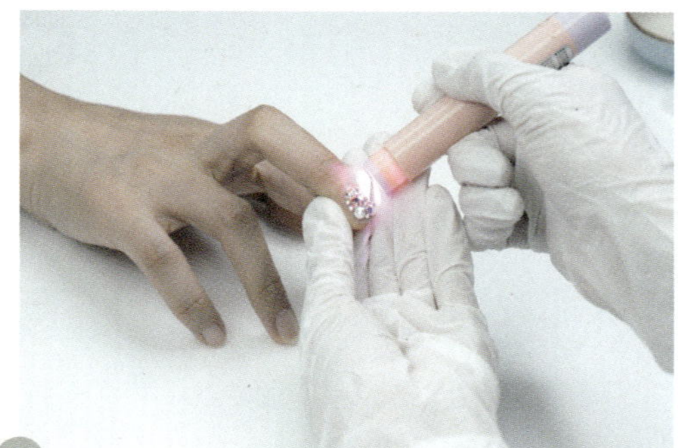

6

탑젤을 바르고 60초 큐어링한다.

풀스톤 아트를 적용한 디자인

풀스톤 아트를 적용한 디자인

풀스톤 아트를 적용한 디자인

풀스톤 아트를 적용한 디자인

풀스톤 아트를 적용한 디자인

풀스톤 아트를 적용한 디자인

풀스톤 아트를 적용한 디자인

마블 네일(Marble Nails)

용어 해설

대리석 또는 대리석과 비슷한 효과를 내는 디자인이다. 우연의 기법으로 무작위 패턴을 만드는 방법을 사용하여 마블 무늬를 만든다.

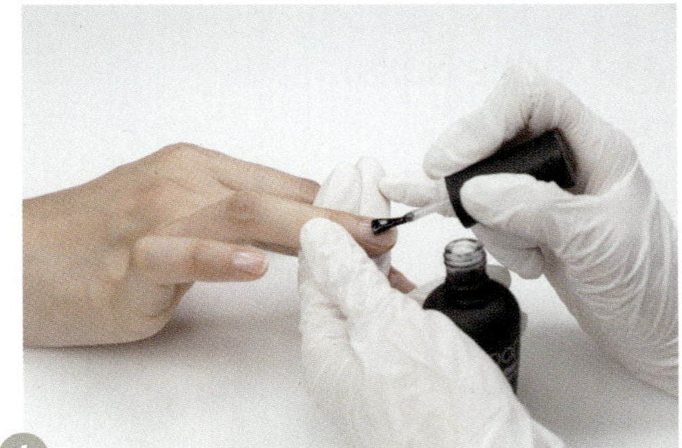

1 손톱 표면에 베이스젤을 바른다.

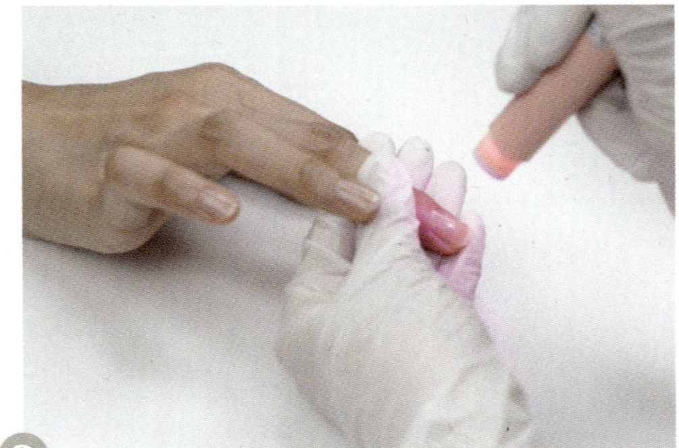

2 60초 큐어링한다.

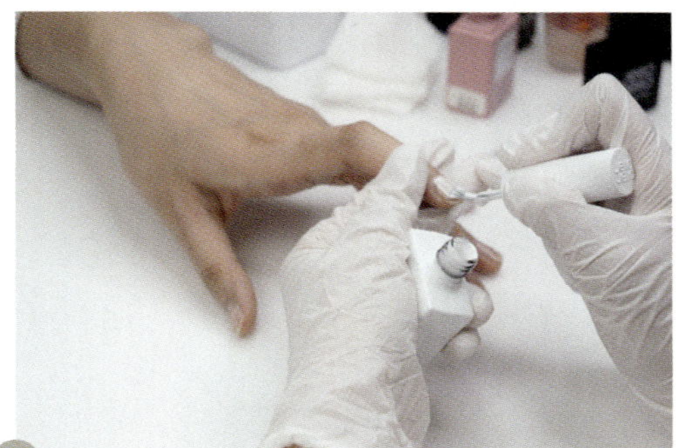

3 컬러를 바른 후 큐어링한다.

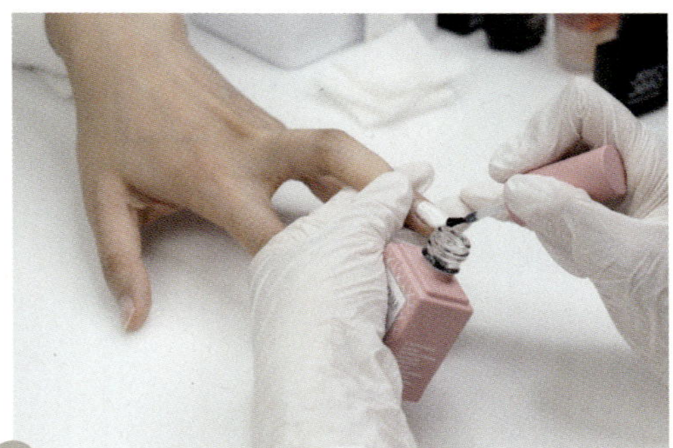

4 베이스젤을 다시 바른 후 큐어링하지 않는다.

5

팔레트에 마블할 컬러를 덜어준다.

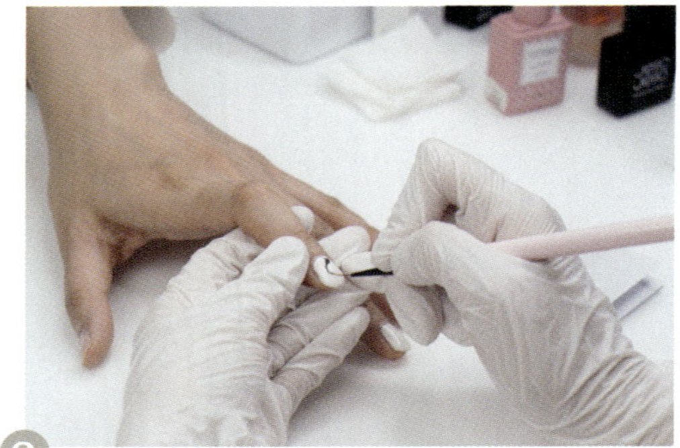

6

세필브러시를 이용하여 원하는 위치에 선을 그린다.

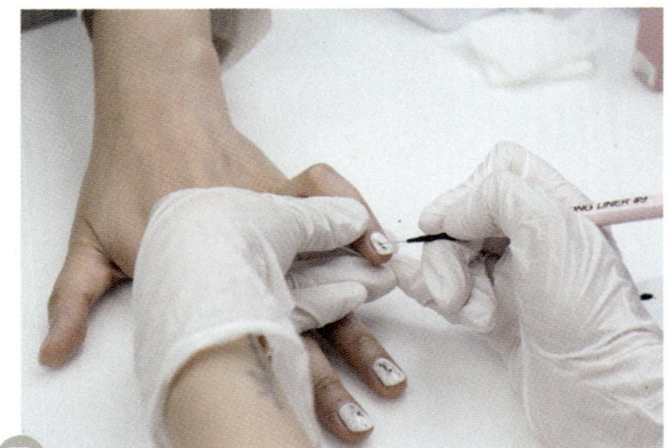

7

깨끗한 브러시에 베이스젤을 소량 묻혀서 선 주변을 퍼트려 주어 마블 무늬를 만들어 준다.

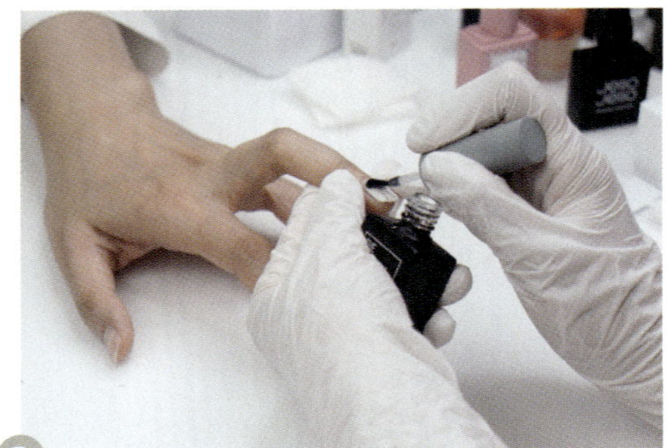

8

탑젤을 바르고 60초 큐어링한다.

마블을 적용한 디자인

마블을 적용한 디자인

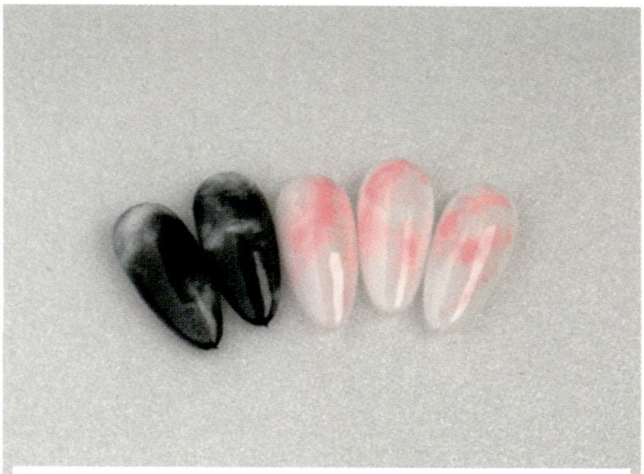

마블을 적용한 디자인

마블을 적용한 디자인

마블을 적용한 디자인

마블을 적용한 디자인

마블을 적용한 디자인

마블을 적용한 디자인

미러 네일(Mirror Nails)

용어 해설

반사적인 빛을 반영하여 거울(Mirror)처럼 반짝이는 효과를 내는 기법이다. 미러 전용 파우더를 사용하여 작업한다.

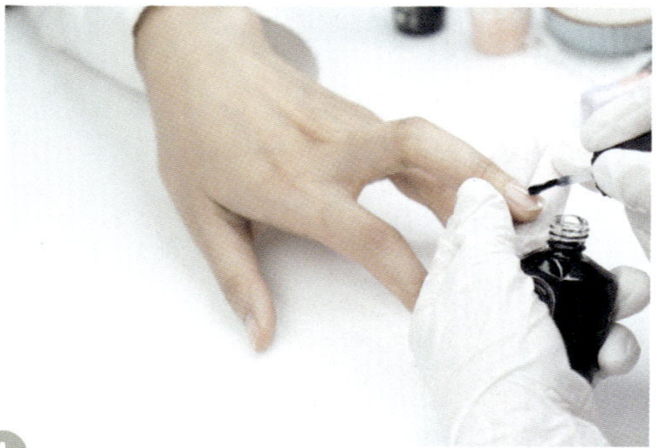

❶ 베이스젤을 바른 후 60초 큐어링한다.

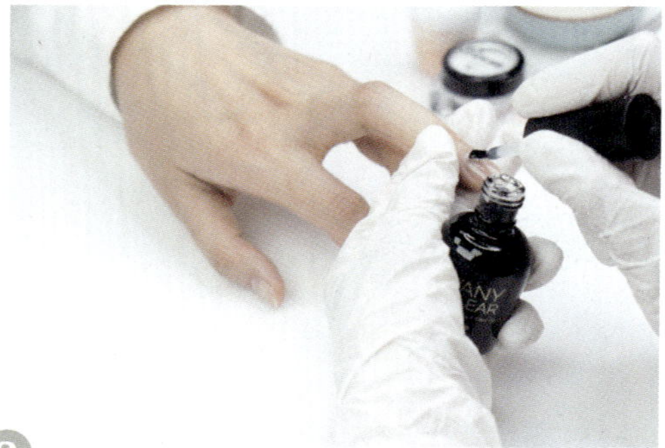

❷ 논와이프 탑젤을 바르고 60초 큐어링한다.

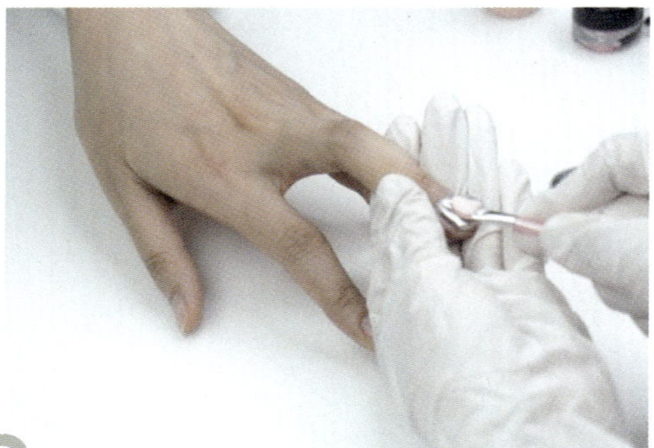

❸ 미러파우더를 팁에 묻혀서 문지른다(손으로도 가능).

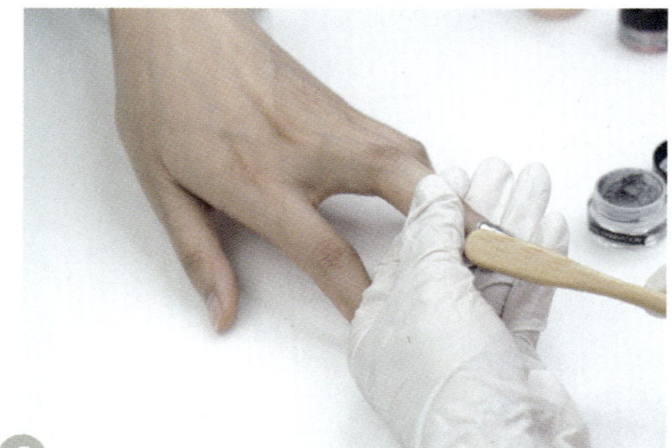

❹ 더스트브러시로 잔여물을 털어주고 탑젤로 마무리 한다.

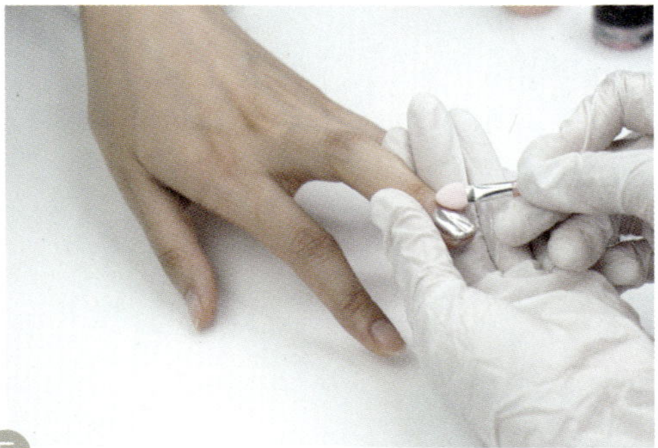

5

원하는 메탈 발색이 나올 때까지 반복하여 문지른다.

미러네일을 적용한 디자인

미러네일을 적용한 디자인

필름 네일(Film Nails)

용어 해설

네일 필름지를 사용하여 디자인하는 기법이다.

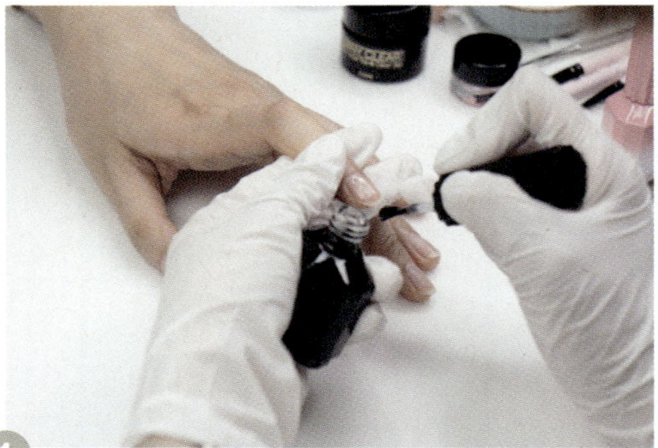

1 손톱 표면에 베이스젤을 바른다.

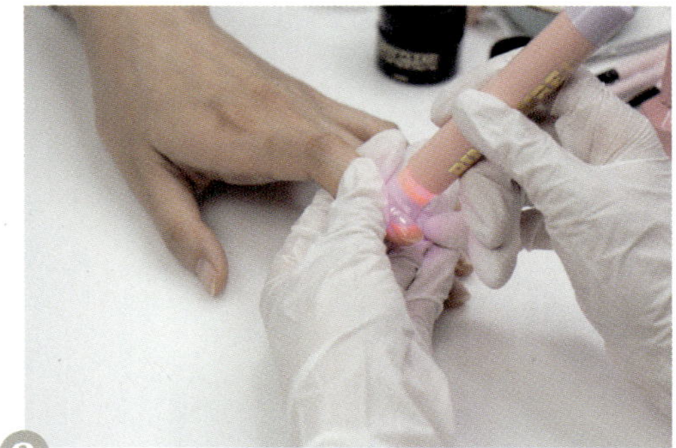

2 60초 큐어링한다.

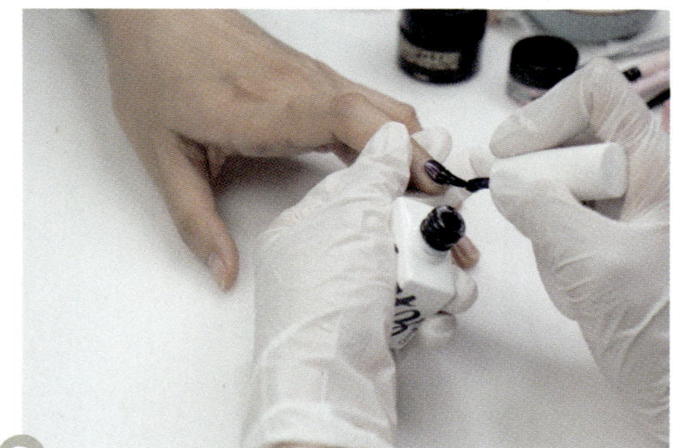

3 컬러를 바른다.

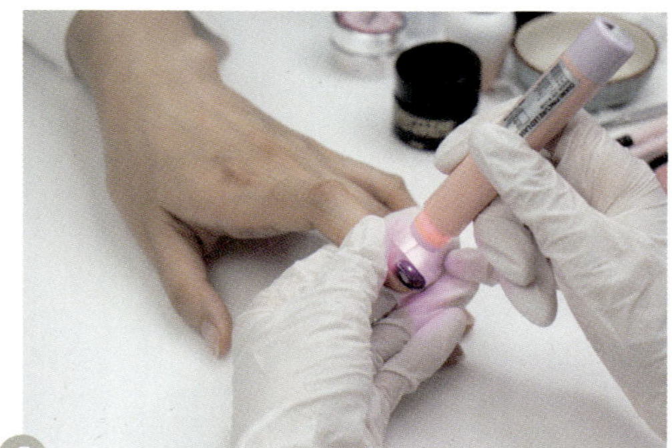

4 60초 큐어링한다.

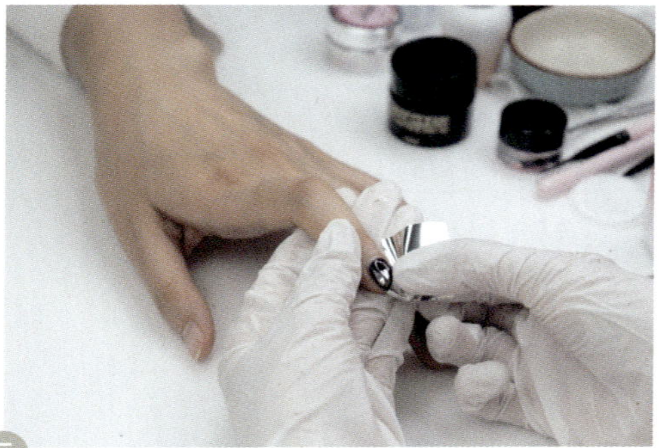

5

필름지를 네일 표면에 붙였다가 떼어준다.

6

탑젤을 바른다.

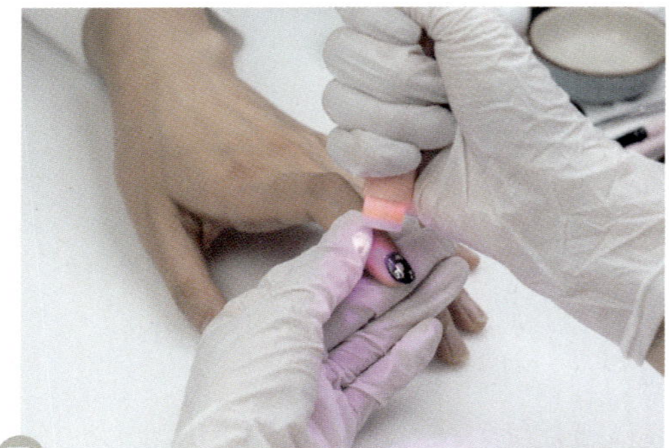

7

60초 큐어링한다.

필름 네일을 적용 디자인

스티커 네일(Sticker Nails)

용어 해설

이미 디자인이 완성되어 만들어진 스티커를 손톱에 부착하는 기법으로, 시술방법이 간단하여 네일 전문 아티스트는 물론 비전문가 모두에게 인기가 많다.

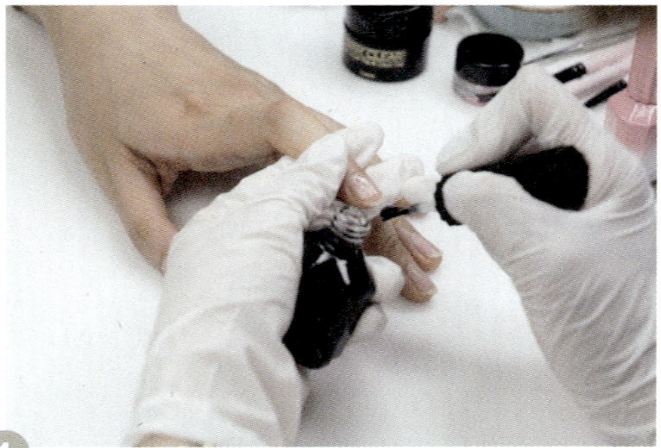

1 손톱 표면에 베이스젤을 바른다.

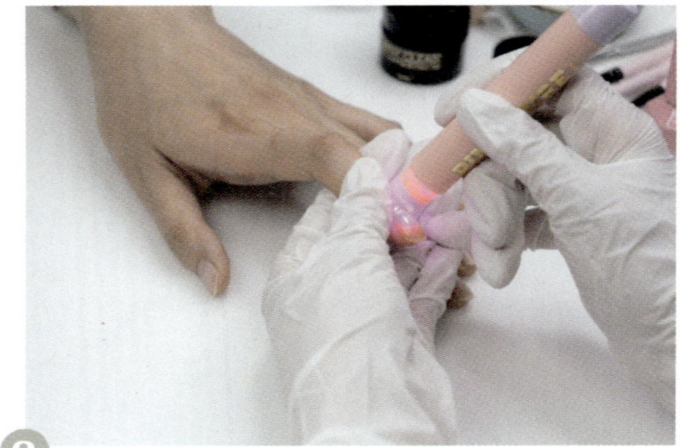

2 60초 큐어링한다.

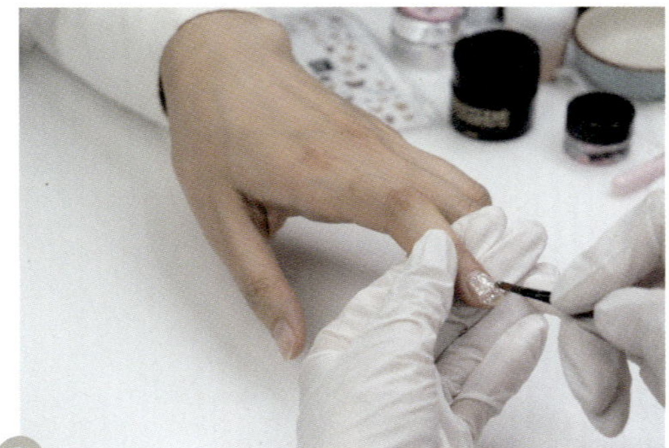

3 바탕 컬러를 바른다.

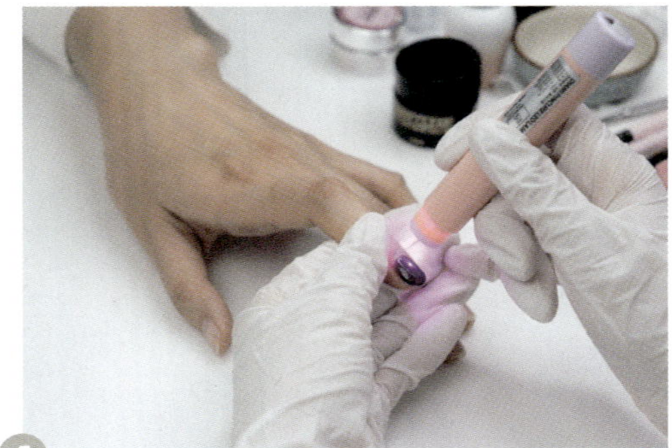

4 60초 큐어링한다.

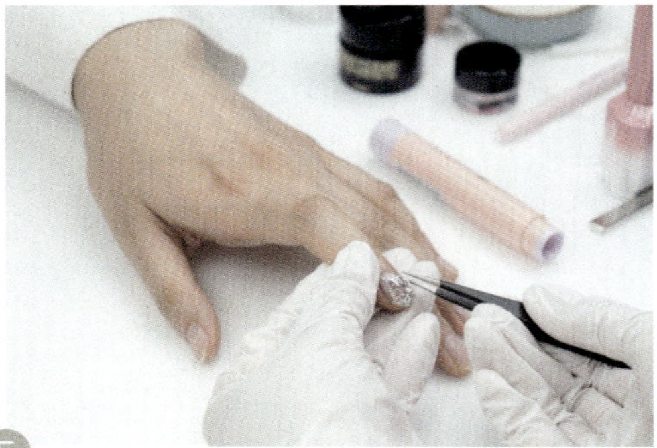

5 트위저를 이용하여 스티커를 붙인다.

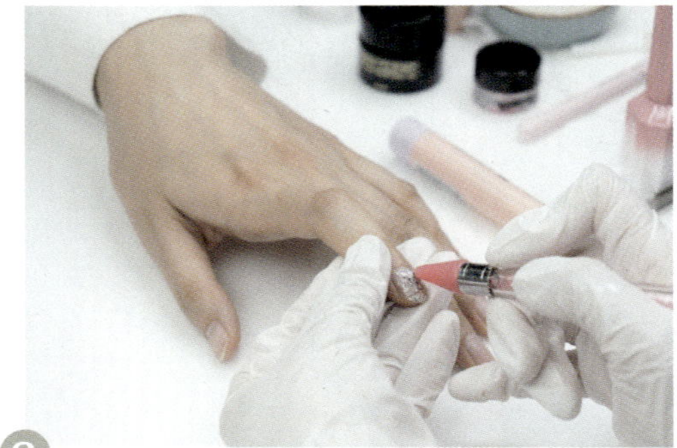

6 실리콘 팁으로 꼼꼼하게 밀착시킨다.

7 탑젤을 바른다.

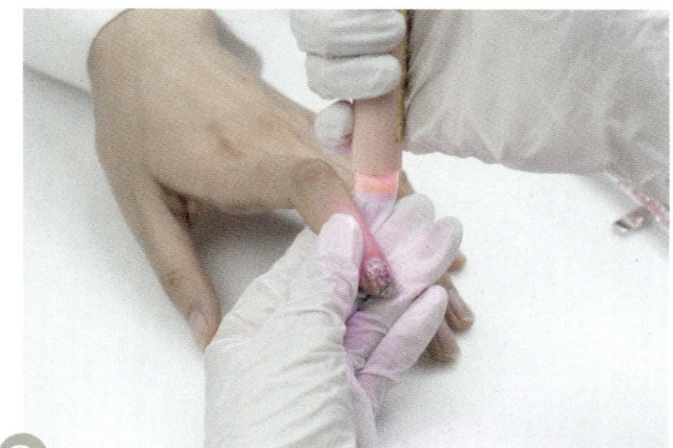

8 60초 큐어링한다.

스티커 네일을 적용 디자인

스티커 네일을 적용 디자인

컬러 드롭 리퀴드 아트(Colordrop Liquid Art)

용어 해설

컬러드롭 잉크를 손톱 표면에 떨어뜨려서 독특한 패턴이나 디자인을 만들어내는 것으로 매우 창의적인 결과물을 얻을 수 있다.

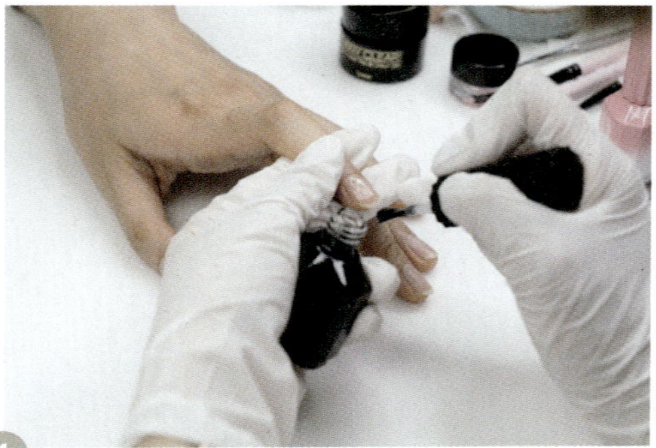

❶ 베이스젤을 바른다.

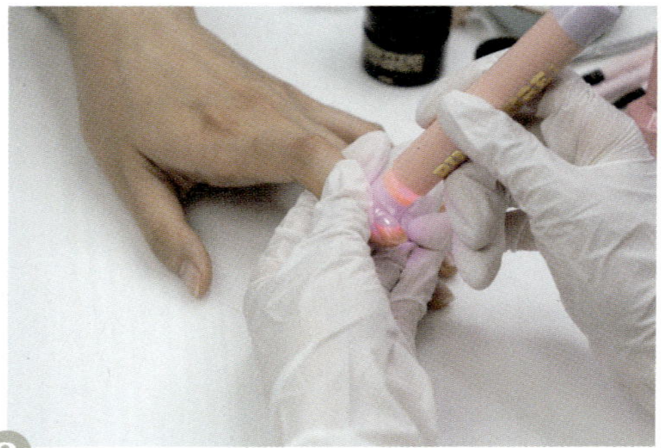

❷ 60초 큐어링한다.

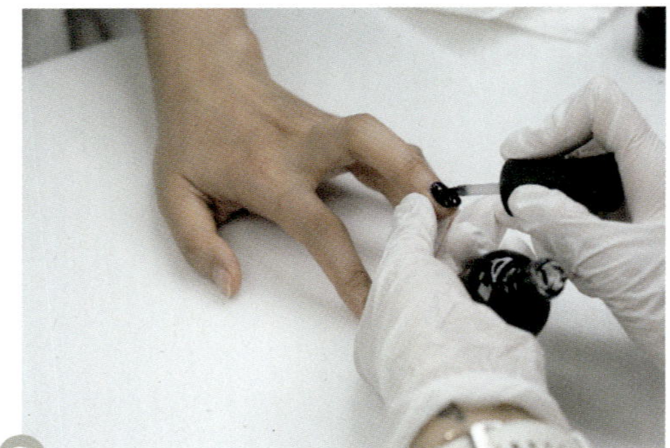

❸ 바탕 컬러를 바른다.

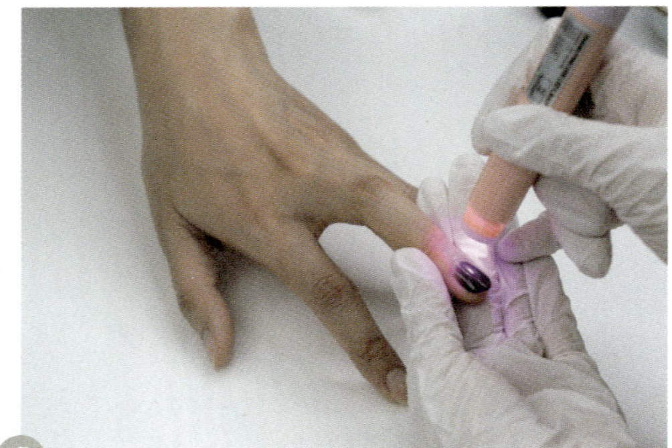

❹ 60초 큐어링한다.

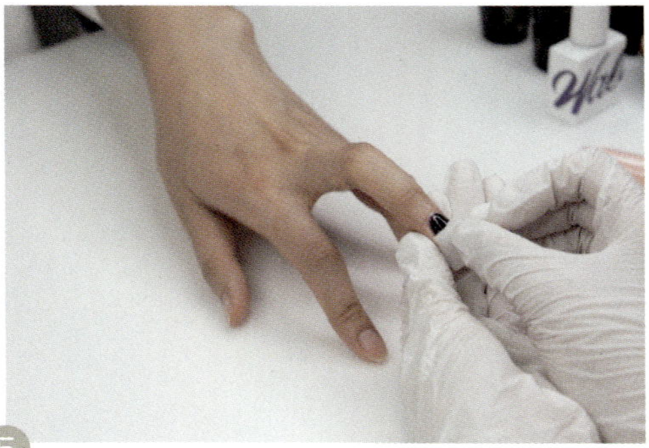

5

젤클리너로 미경화를 제거한다.

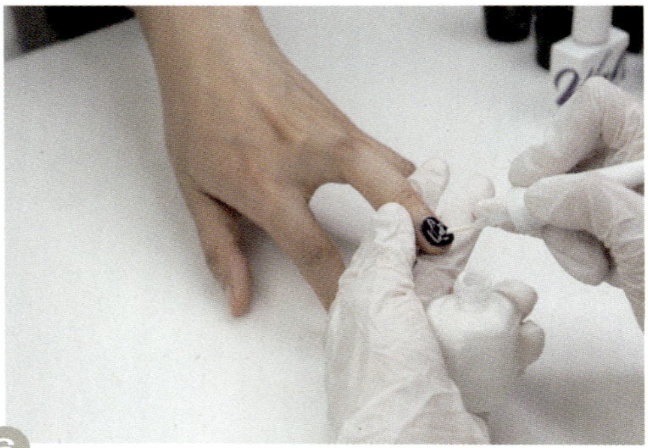

6

컬러드롭 잉크를 떨어뜨린다.

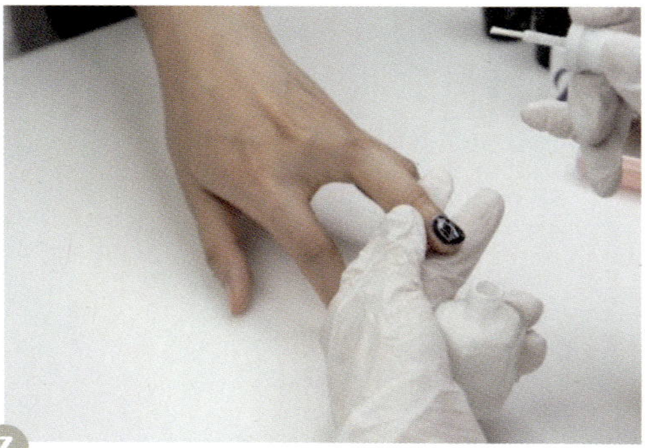

7

원하는 디자인으로 덧바른다.

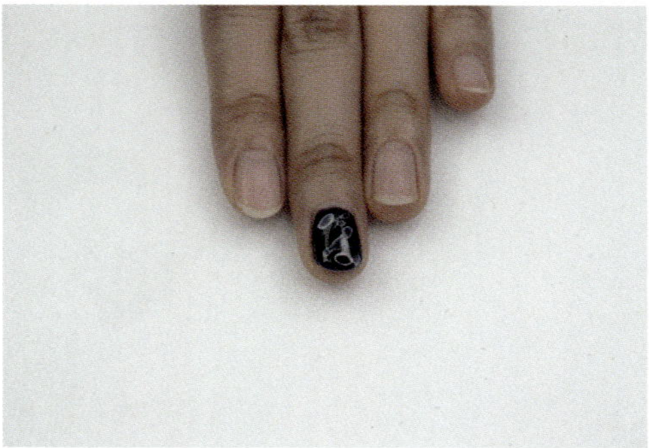

문양이 완성된 모습

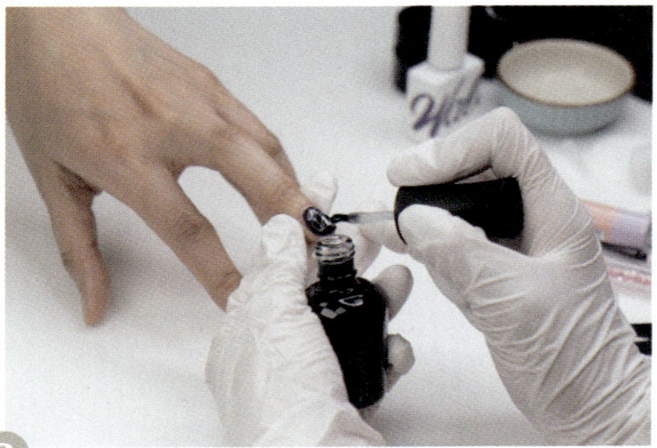

8
탑젤을 바른다.

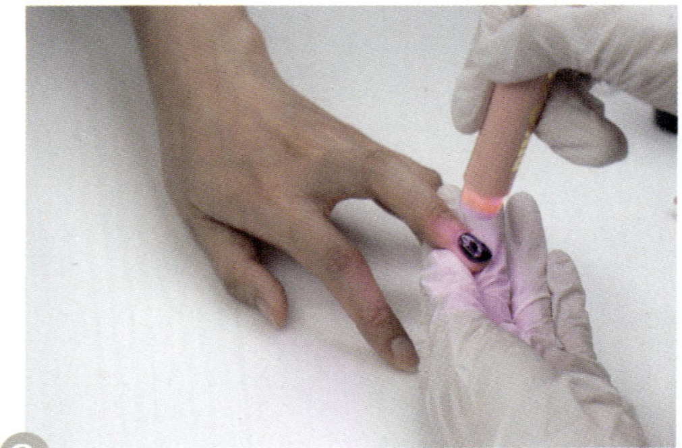

9
60초 큐어링한다.

컬러드롭 리퀴드 아트를 적용 디자인

컬러드롭 리퀴드 아트를 적용 디자인

유리 네일(Glass Nails)

용어 해설

특수한 재질의 젤 또는 아크릴, 필름지를 사용하여 손톱에 유리처럼 반짝이는 효과를 연출하는 기법이다.

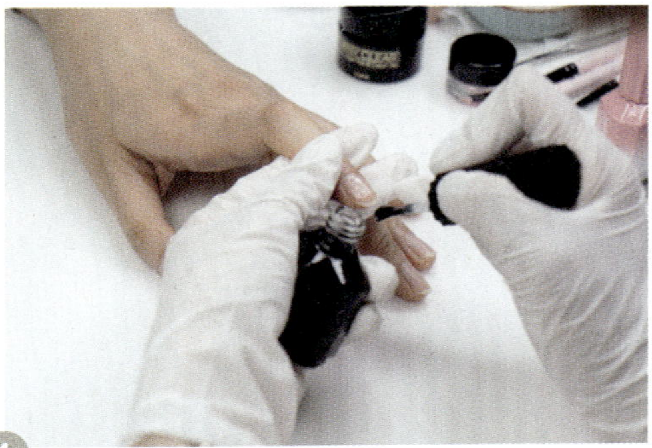

1 베이스젤을 바른다.

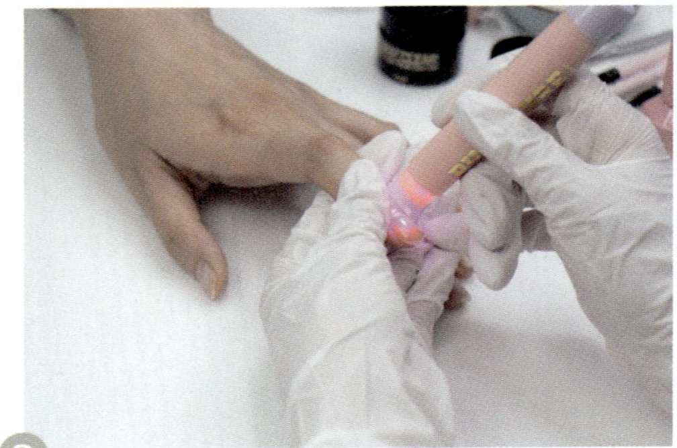

2 60초 큐어링한다.

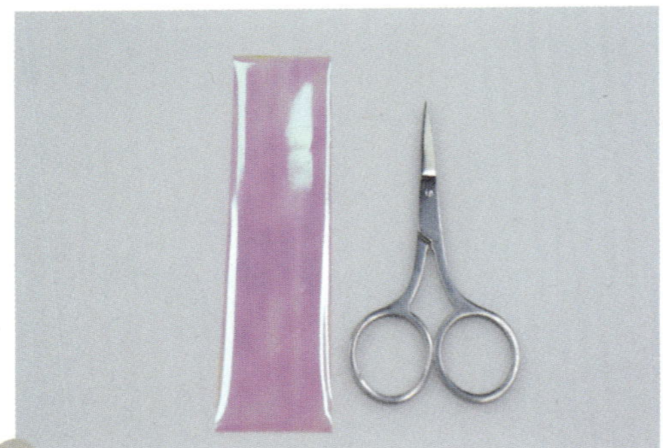

3 유리 네일을 할 필름지와 실크가위를 준비한다.

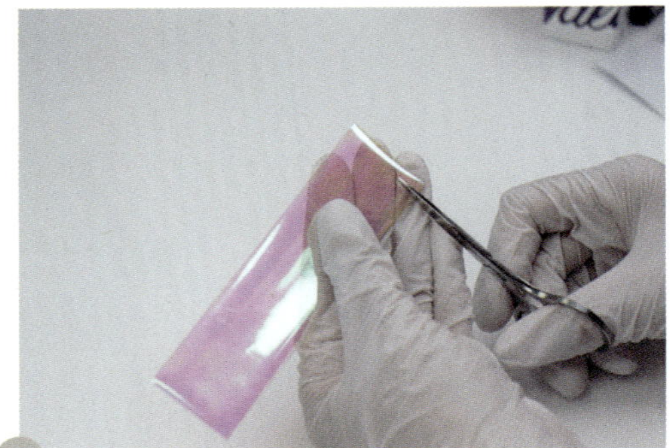

4 필름지를 잘라준다.

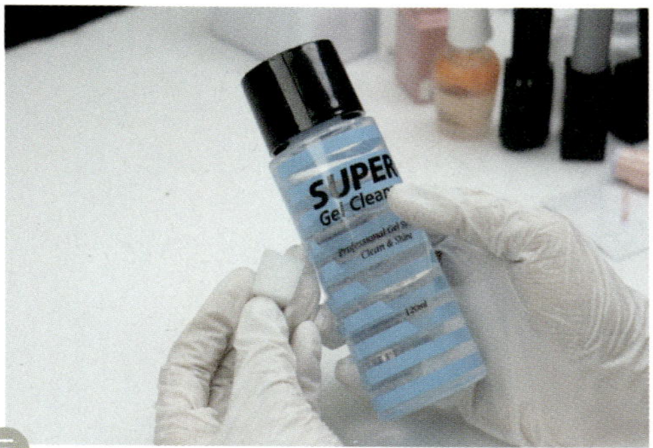

5

스펀지에 젤클린저를 묻혀준다.

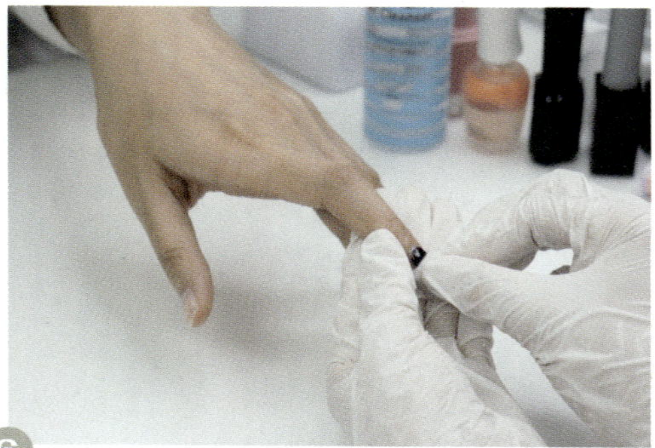

6

손톱 표면의 미경화를 닦아준다.

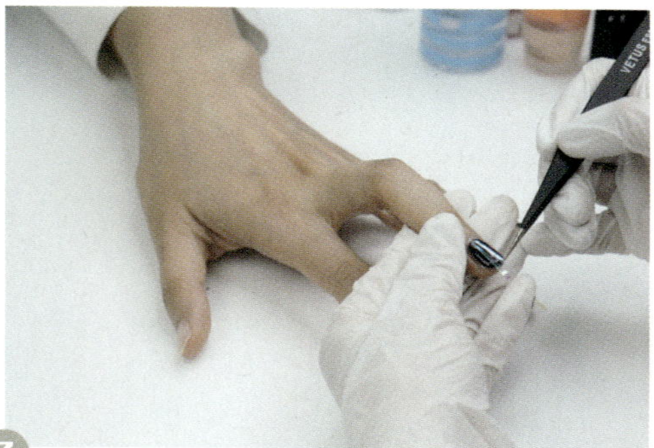

7

집게를 이용하여 필름지를 붙여준다.

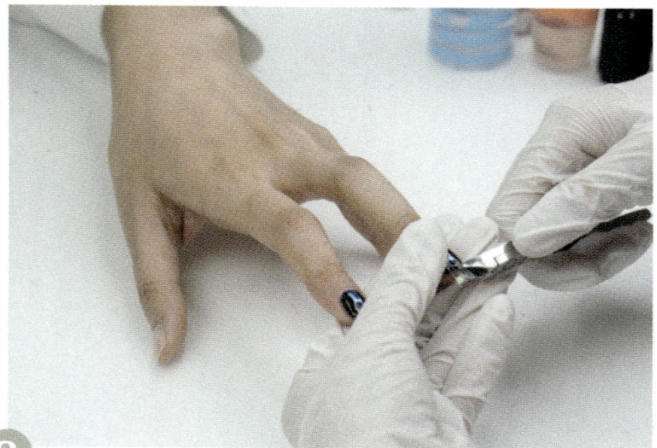

8

니퍼나 실크가위를 이용하여 필름지를 잘라준다.

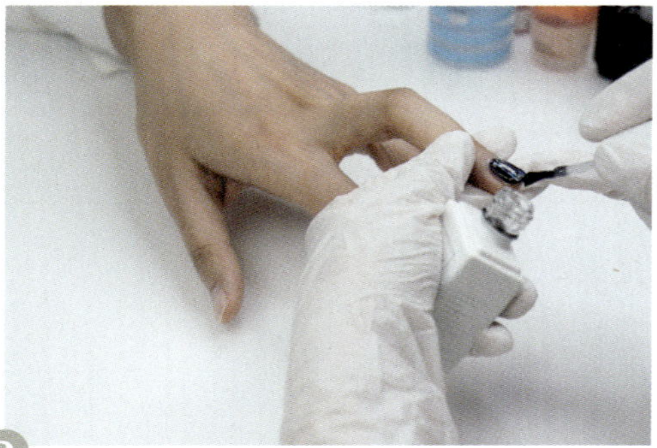

9 탑젤을 바른 후 60초 큐어링한다.

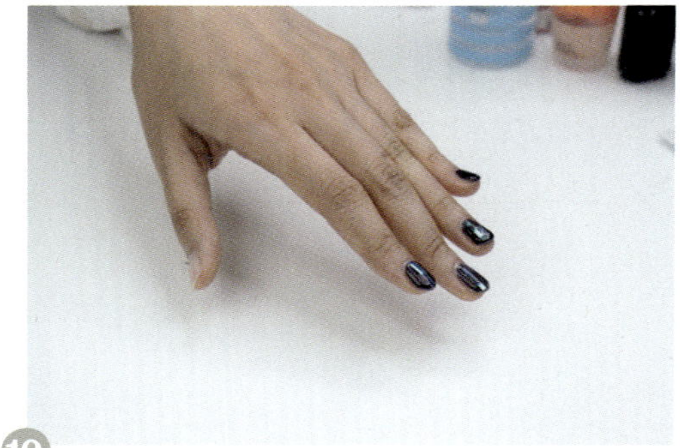

10 완성

유리 네일을 적용한 디자인

유리 네일을 적용한 디자인

우루우루 네일
(うるうる 일본어로 울먹울먹, 눈물이 그렁그렁 맺히다.)

용어 해설

눈물이나 울먹거리는 모습을 의미하는 일본어, 의성어이다. 이를 손톱에 적용하여 눈물이 글썽거리는 모습을 표현한다.

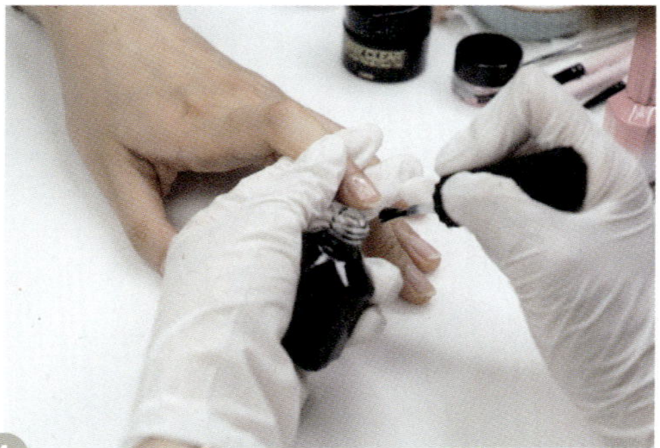

1
베이스젤을 바른 후 60초 큐어링한다.

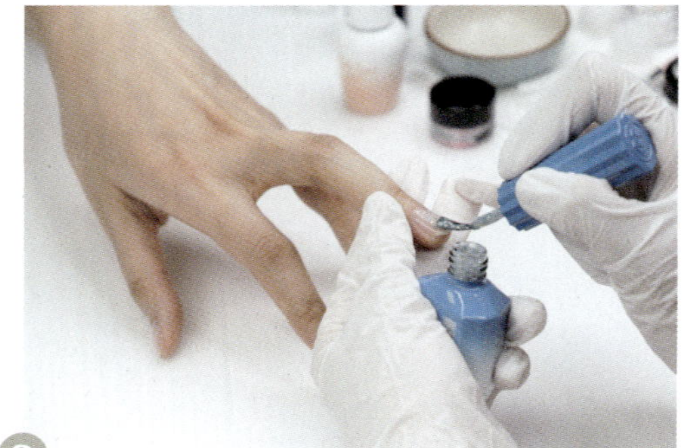

2
바탕 컬러를 바른다.

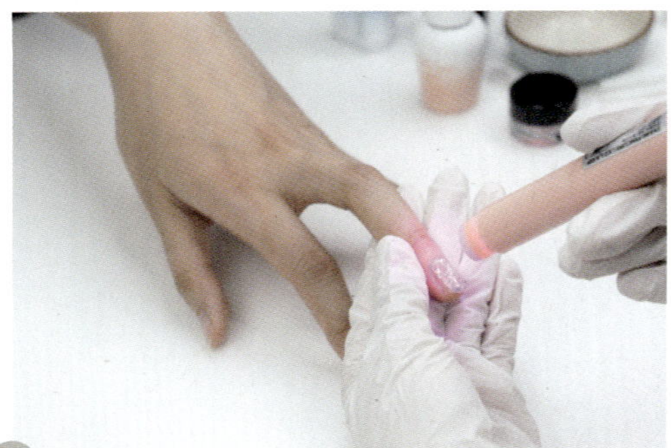

3
60초 큐어링한다.

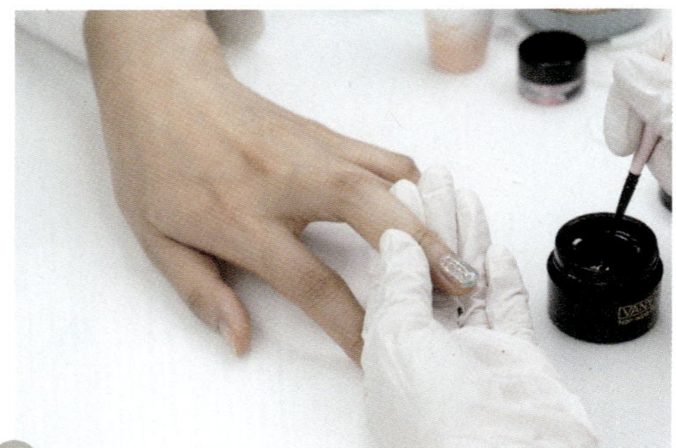

4
우루우루할 위치에 클리어젤을 바른다.

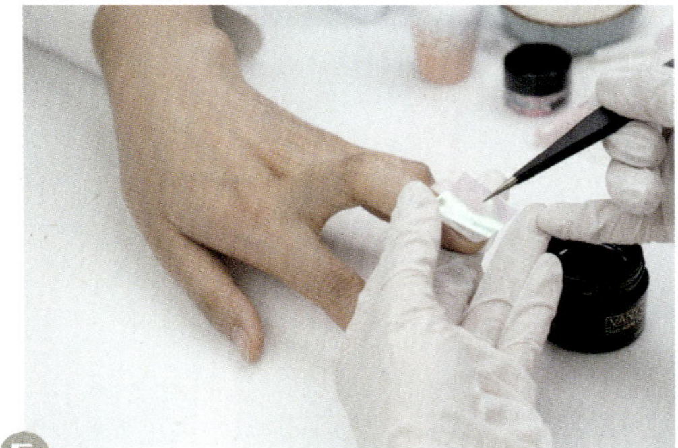

5

60초 큐어링 후 필름지를 올린다.

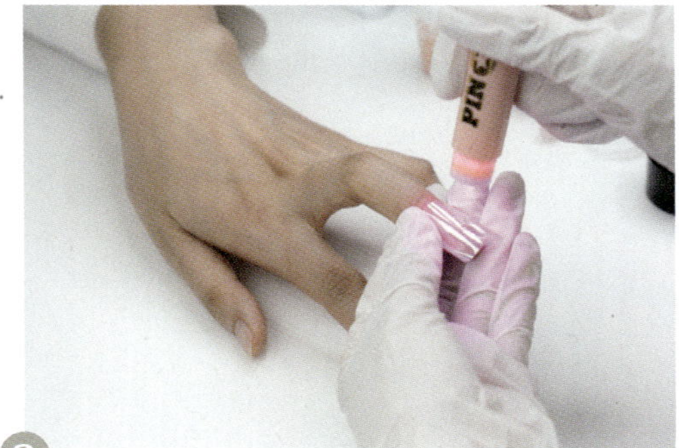

6

필름지 위로 20초 큐어링한다.

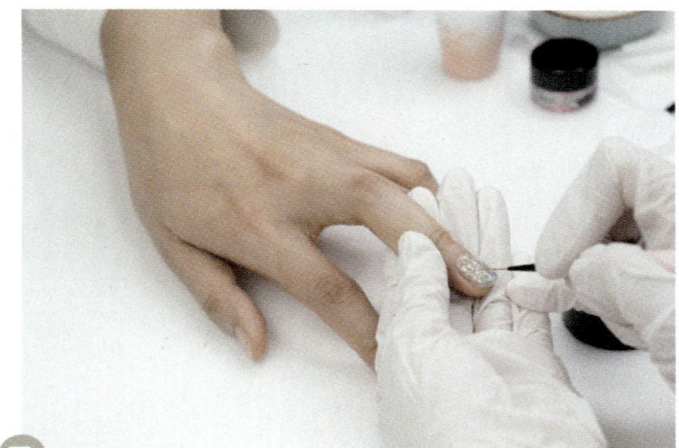

7

필름지를 떼어낸 후 필름지가 밀착된 부분 가장자리에 클리어젤로 메워준다.

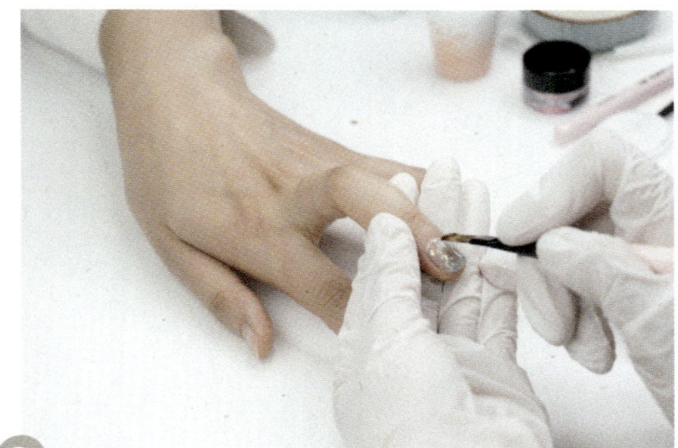

8

브러시에 탑젤을 묻혀 꼼꼼히 손톱 전체에 발라준다.

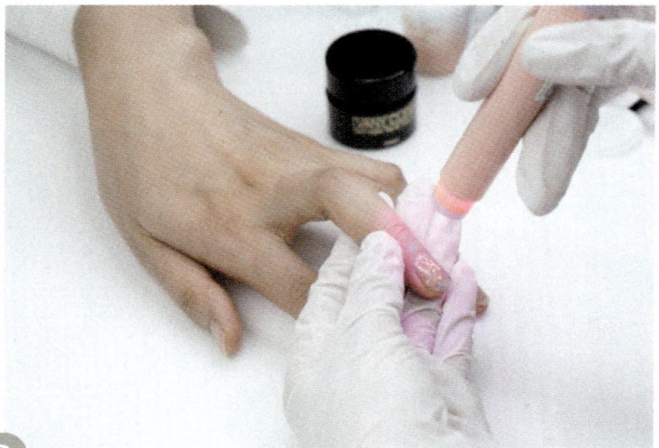

9 60초 큐어링한다.

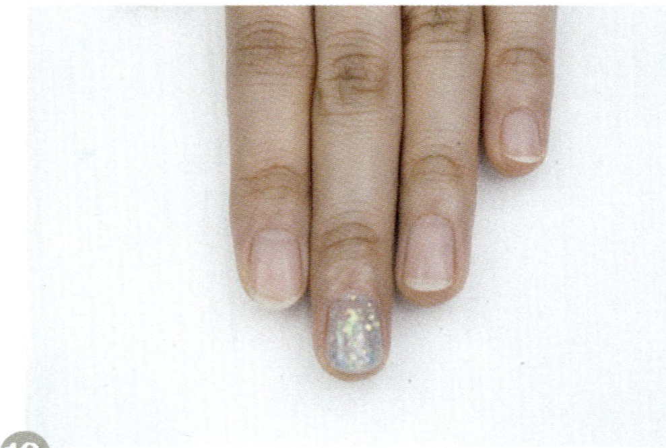

10 완성

우루우루 네일을 적용한 디자인

우루우루 네일을 적용한 디자인

07

네일 디자인

디자인 개념과 디자인 4요소

1 디자인 어원과 뜻

'디자인 design'이라는 말은 프랑스어의 '데생 dessin'과 마찬가지로 '계획하다', '설계하다'라는 의미를 가지고 있는 라틴어, '데지그나레 degignare'에서 파생되어 수천 년 전부터 사용되어 왔다고 알려져 있다.

디자인은 "일상생활에 필요한 여러 가지 사물을 만드는 일"을 의미하는 말로서 사물의 재료나 구조, 기능은 물론 아름다움과 조화를 고려하여 하나의 사물 형태 혹은 형식들을 '계획한 대로 한데 묶어 내는 종합적인 계획 설계'를 말한다(김인혜, 2003).

디자인이라는 용어는 근대 산업 사회를 추구해 온 여러 나라에서 거의 동일한 의미로 형성, 발전되어 왔으므로 각국에서 자국어로 번역하지 않고 '디자인'이라는 외래어를 그대로 사용해오고 있다.

2 디자인 4요소

'점', '선', '색채', '질감' 등의 디자인 요소가 합쳐져 독특한 조형물과 디자인을 만들게 된다.

점

① 점이 계속해서 이어지면 길이를 얻어 '선'이 된다.

② 점이 확장되면 크기를 얻어 '면'이 되고 점의 농도에 따라 가볍거나 무거운 특징을 갖는다.

③ 점과 점 사이에 힘의 균형이 유지될 때는 정지된 느낌을 주나, 점과 점 사이의 간격에 변화가 생기면 운동감을 느끼게 한다.

④ 점과 점 사이의 간격으로 공간감, 원근감, 속도감이 생긴다.

선

선은 점들의 집합이며 점의 연속으로서 '직선'과 '곡선'이 있다. 선은 그릴 때의 힘의 강도와 속도에 따라 다양한 느낌을 전달해주는데, 그리는 재료나 바탕의 질감과 소재에 따라서도 다양하게 전달된다. 흐리거나 날카롭거나 부드러울 수도 있으며 강하거나 약하게 보일 수도 있다.

선의 종류

가느다란 선, 긴 선, 굵은 선, 딱딱한 선, 건조한 선, 축축한 선, 거친 선, 흐린 선, 조용한 선, 강렬한 선, 흐릿한 선 등

직선이 주는 느낌

· 단정하고 엄숙함

· 속도감, 긴장감, 간결한, 명쾌함, 단호함, 딱딱함 등

· 수평선의 방향감 : 고요함과 수동적임, 침착함과 안정감 휴식, 안정, 무한함

· 수직선의 방향감: 직선적, 명쾌함, 운동력, 긴장감, 엄정함

사선, 대각선이 주는 느낌

· 불안정감, 상승과 하강 등의 동적 운동감, 역동감, 활동성

지그재그 선이 주는 느낌

· 갑작스레 바뀐 선들의 변덕스러움, 흥분감, 대립감, 맹렬함

곡선이 주는 느낌

· 여성스러운, 유연함, 우아함, 운동감, 리듬감, 온화함, 부드러움, 경쾌함, 생명력

· 부드럽고 완만한 곡선 : 자유로움, 경쾌함, 온건함, 여성적, 관능적

디자인 발상

1 발상이란?

어떤 일이나 상황, 사물에 대한 발전적이고 독창적이며 구체적인 생각을 '아이디어 idea'라고 부르고 그 아이디어를 '형태나 이미지'로 나타내는 것을 '발상'이라고 한다.

발상은 '어떤 테마나 콘셉트를 구체적인 형태나 이미지'로 얻어내는 과정이다.

디자인은 조형적인 원리에 근거하여 이루어지는 '창의적이며, 실용적인 작업'으로서 어떤 추상적 목표를 구체화하는데, 추상적 목표를 '테마', '과제'라고도 하며 형용사나 추상명사 등 언어적 키워드로 정리된다.

'발상'은 창의적인 아이디어를 생각해내는 예술적 표현활동으로서 '어떤 생각을 나타냄', '어떤 생각을 해냄'이라는 사전적 의미를 지니고 있다((이경희 외(2003), 패션 디자인 발상, 교문사)).

'디자인 발상'은 작가가 창의적 '아이디어'를 끌어낸 다음, 주제 테마에 따라 소재나 형태를 구성하고 제작기법을 통해 이미지를 실제 결과물로 만들어가는 '의도적인 과정'을 말한다.

2 창의적인 아이디어 발상

'창의력'이란 남들이 볼 수 없는 것들을 볼 수 있는 능력과 다른 사람들이 생각하지 못하는 독특한 방법으로 표현하는 것이며, 남과 다른 시각으로 보고 그것을 많은 사람들에게 소통될 수 있도록 발전시켜 나아갈 수 있는 능력을 말한다.

창조적인 아이디어는 불모지에서 움트는 새싹이 아닌 이전부터 계속 존재해오던 개념들이 새롭게 변화되어 재결합되거나 시대적 흐름이나 예술사조, 가치관, 문화적 흐름이나 시대정신 등 유행에 맞게 재구성된 것들을 의미하기도 한다.

순수 예술이든 디자인이든 시작은 '모방'이며, 모방은 인간의 가장 기본적인 행위이지만, 모방 단계에서 벗어나 '독창적이거나 개성적인 표현'이 이루어져야 그 자체로서 진정한 가치를 갖게 되는 것이다.

즉, 아이디어를 패턴이나 도형, 그림 등으로 가시화해 둔다거나 메모, 사진 촬영, 일지 등으로 작성해 두는 습관이 중요하다.

발상은 크게 '상상력과 연상'에 의해 영향을 받게 되는데, 이러한 각 개인의 일상이나 경험이 독특한 발상과 감성, 창의력과 결합되어 표현된다면, 그것들은 소설, 음악, 무용, 디자인 등을 포함한 미술 등 예술 분야로 발전하게 된다(김인혜, 2003, 인용 및 수정 재구성).

- 선, 면, 형태, 색채, 질감 등의 디자인 요소와 그 특성에 대한 변화, 조화, 통일감, 비례감, 반복, 강조 등의 디자인 원리에 대해 이해하면서 표현한다면 훨씬 효과적인 표현이 가능하다.

3 발상을 위한 방법

① 때때로 스케치, 이미지들을 오려두거나 재배열시킨다.

예 잡지 이미지 오리기

→ 농담이 풍부하고 색상이 다양한 좋은 자료

· 다양하고 많은 이미지들이 잡지 속에 있으며 패션이나 시사 전문 잡지에 실린 사진과 이미지들은 완성도가 높고 감각적이다.

② 우발적인 새로운 아이디어 발상, 디자이너의 상상력을 확대시킬 수 있다.

예 몽타쥬, 콜라쥬, 오려내기 등, 우연의 효과, 리믹스(remix) 활용

③ 광고물 등

간접 경험 기회, 발상의 자극제가 될 수 있다.

④ 사물에 대한 관찰력, 패션, 코스메틱, 풍경, 액세서리 등

⑤ 자료 오리기

⑥ 찢기, 긁기, 칼로 오리기(날카로움, 차가움, 단정함, 엄숙함, 정겨움 등 속도와 손놀림에 따라 다양한 특성을 지니게 됨)

⑦ 가위로 오린 종이, 칼로 오린 종이, 손으로 투박하게 자른 종이의 이미지와 느낌은 모두 다른데, 힘의 방향과 속도, 망치 등 도구의 물리적인 힘의 차이 때문이다.

색채 디자인

1 색 체계

색을 표시하는 방법은 물리적인 측면에서의 빛을 기준으로 색을 표시하는 혼색계(CIE, 표준색 체계 등)와 색지각의 3속성에 의해 정량적으로 분류하여 표시하는 현색계(먼셀 색 체계, 오스트발트 색 체계, NCS 등)로 크게 나눌 수 있다.

먼셀 색 체계

미국의 화가이자 색채연구가인 먼셀(Albert H, Munsell, 1858-1919)에 의해 1905년에 창안되었고, 1931년 CIE와 1943년 미국 광학회 측색 위원회의 수정(수정 먼셀 색 체계)을 거쳐 현재 ISO 국제표준 색 체계이다. 1964년에 제작된 우리나라의 한국산업표준(KS A 0062)은 먼셀 색 체계를 기준으로 제작되었다.

먼셀 색 체계는 색을 3속성인 H(Hue, 색상), V(Value, 명도), C(Chroma, 채도)의 순서대로 기호화해서 표시한다.

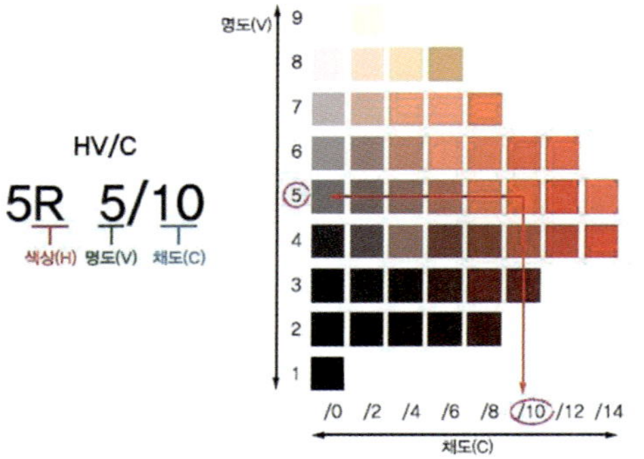

먼셀 표기법

색상(H), 명도(V), 채도(C)순으로 HV/C로 축약해서 표시
HV/C ⇒ 색상 명도/채도
예 5R 5/10

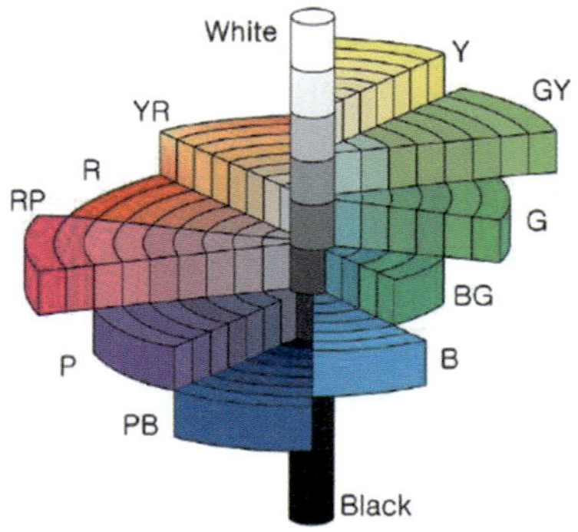

먼셀 색입체

색상, 명도, 채도를 알아보기 쉽도록 3차원 형태로 구성한 입체 모형이다. 색상이 색입체를 둘러싸고 있으며 색입체에 가장 바깥쪽에 순색이 위치한다. 중심축은 명도를 나타낸다.

색상

빨강(R), 노랑(Y), 녹색(G), 파랑(B), 보라(P)의 5가지 주요 색상에 주황(YR), 연두(GY), 청록(BG), 남색(PB), 자주(RP)의 5가지 중간색을 삽입한 10개의 기본 색상을 고리 모양으로 배치하고 각각 10등분하여 척도화하였으며, R부터 RP까지 분할하면 100 색상이 된다.

명도

무채색을 기준으로 모든 빛을 흡수하는 이상적인 검정을 0, 모든 빛을 반사하는 이상적인 흰색을 10으로 해서 11단계로 분할하였다.

이상적인 흰색과 검정을 색료로 표현할 수 없으므로 색표에는 흰색을 9.5, 검정은 1.5로 하여 10단계로 설정하고 있으며, 번호가 클수록 명도가 높고, 작을수록 명도가 낮다.

명도 단계의 축은 검정과 흰색 사이에 무채색인 회색이 포함되어 있어 이를 '그레이 스케일(Gray Scale)'이라 하며, 중성색(Neutral)의 머리글자를 붙여서 N1, N2, N3, N4, …로 표시하고, 유채색을 포함한 명도의 판정 기준에 사용한다.

채도

색을 느끼는 색의 '강약'이며, '선명도'를 나타낸다.

먼셀 색 체계에서 채도는 무채색 축으로부터 등 간격이 되도록 배열되어 있으며 최고 채도는 색상에 따라 달라지며, 색입체는 무채색 축 방향에서 보면 원형이 되지 않는다.

색명에 의한 분류

관용색명

옛날부터 습관적으로 사용되는 색명으로 자주 사용되고 많은 사람들이 색을 연상할 수 있는 색명이다. 지식이나 경험에 근거한 어휘로 표현하기 때문에 동물, 식물, 광물, 자연 현상, 지명, 인명 등의 이름을 인용한 색명이다. 유행색명도 관용색명의 일종으로 볼 수 있다.

유래	관용색명
고유색명	검정, 하양, 빨강, 노랑, 파랑, 보라 흑(黑), 백(白), 홍(紅), 황(黃), 녹(綠), 청(靑), 자(紫)
동물 이름	쥐색(쥐색), 버프(Buff, 송아지의 살색), 살먼(Salmon, 연어의 살색) 세피아(Sepia, 오징어에서 채취), 피콕(Peacock, 공작 꼬리의 색) 등
식물 이름	복숭아색, 살구색, 팥색, 밤색(Maron), 풀색, 오렌지(Orange), 로즈(Rose), 레몬 옐로우(Lemon yellow)
광물이나 원료의 이름	금색, 은색, 고동(古銅)색, 호박(琥珀)색, 진사(辰砂), 주사(朱砂), 철사(鐵砂), 코발트블루(Cobalt blue), 크롬 옐로우(Chrome yellow), 에메랄드 그린(Emerald green), 맬러카이드 그림(Malachite green), 오커(Ochre) 등
지명이나 인명	페르시안 블루(Prussian blue), 하바나 브라운(Havana brown), 보르도(bor-deaux), 반다이크브라운(Vandyke brown) 등
자연 현상	하늘색, 땅색, 바다색, 눈(雪)색, 무지개색 등
음식 이름	커피색, 계란색, 우유색, 초콜릿색 등
현대의 유행어	국방색, 카키색, 미색, 베이지색 등

색채 연상

특정 색채를 보았을 때 그 색에 관한 인상을 기억하거나 어떤 사물이나 느낌을 떠올리는 것을 '색채 연상'이라 한다.

색	구체적 연상	추상적 연상
빨강	불, 피, 태양, 장미, 입술	위험, 분노, 열정, 자극, 금지, 욕구
주황	오렌지, 귤, 감, 호박	적극, 희열, 건강, 식욕
노랑	병아리, 레몬, 개나리, 바나나	경고, 유쾌, 희망, 질투
초록	풀, 산, 나뭇잎, 잔디, 완두콩	평화, 고요, 안전, 신선함
파랑	바다, 하늘, 호수, 여름	시원함, 차가움, 우울, 냉정, 추위
보라	포도, 라벤더, 라일락	고귀함, 우아, 신비, 외로움
흰색	눈, 설탕, 솜, 백합	청결, 순수, 순결, 밝음
회색	구름, 쥐, 먼지, 안개, 재	우울, 중성, 무기력, 소극적
검정	밤, 연탄, 까마귀, 흑발	죽음, 허무, 절망, 암흑, 정지

한국의 전통색

한국의 전통색은 고대 중국에서 시작되어 동양 문화권을 지배해 온 음양오행 사상을 기본으로 한다. 음양이라는 글자는 해와 그늘을 의미하나, 우주의 원리 또는 우주 삼라만상의 발생 논리로 그 의미가 확대되어 발전하였다,

오행은 목(木), 화(火), 금(金), 수(水), 토(土)를 의미하며 모든 사물과 현상, 색 등을 오행에 대입해서 설명한다.

오정색(五正色)은 양의 색으로 방위를 나타내 '오방색'(五方色)으로 불리기도 하며, 적(赤)색, 청(靑)색, 황(黃)색, 백(白)색, 흑(黑)색이 있다. 오간색(五間色)은 오정색 사이의 색으로 녹(綠)색, 자(紫)색, 홍(紅)색, 벽(碧)색, 유황(硫黃)색이 있다.

오행	계절	방향	오정색	오간색	사신	신체	맛	오륜
목	봄	동	청	녹	청룡	간장	신맛	인
화	여름	남	적	홍	주작	심장	쓴맛	예
금	가을	서	백	벽	백호	폐	매운맛	의
수	겨울	북	흑	자	현무	신장	짠맛	지
토	토용	중앙	황	유황	황룡	위장	단맛	신

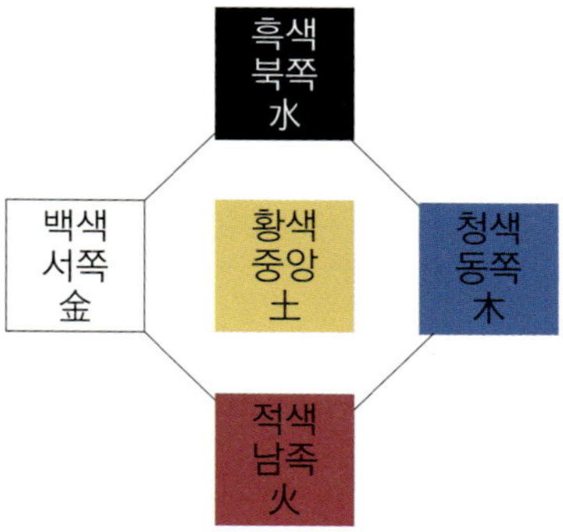

오정색(五正色)

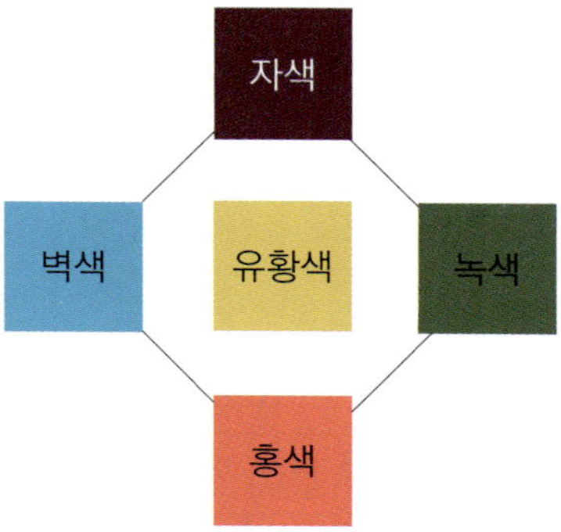

오간색(五間色)

톤(Tone)의 개념

톤은 3속성 중에서 명도와 채도를 복합시킨 개념으로 색의 명암, 강약, 농담 등 색조를 말한다.

톤의 체계는 물리적 색 체계와는 다른 심리적 색 체계로 같은 톤의 색은 색상이 바뀌어도 그 감정효과는 동일하기 때문에, 색의 이미지를 표현한다든지 배색을 고려한다든지 색명을 보다 정확하게 전달할 때 톤을 사용하면 적합하다.

한국산업표준(KS A 0011)으로 정의한 KS 톤 분류체계는 13가지 색조(tone)와 15가지 기본컬러, 10단계의 무채색으로 구성되어 있다.

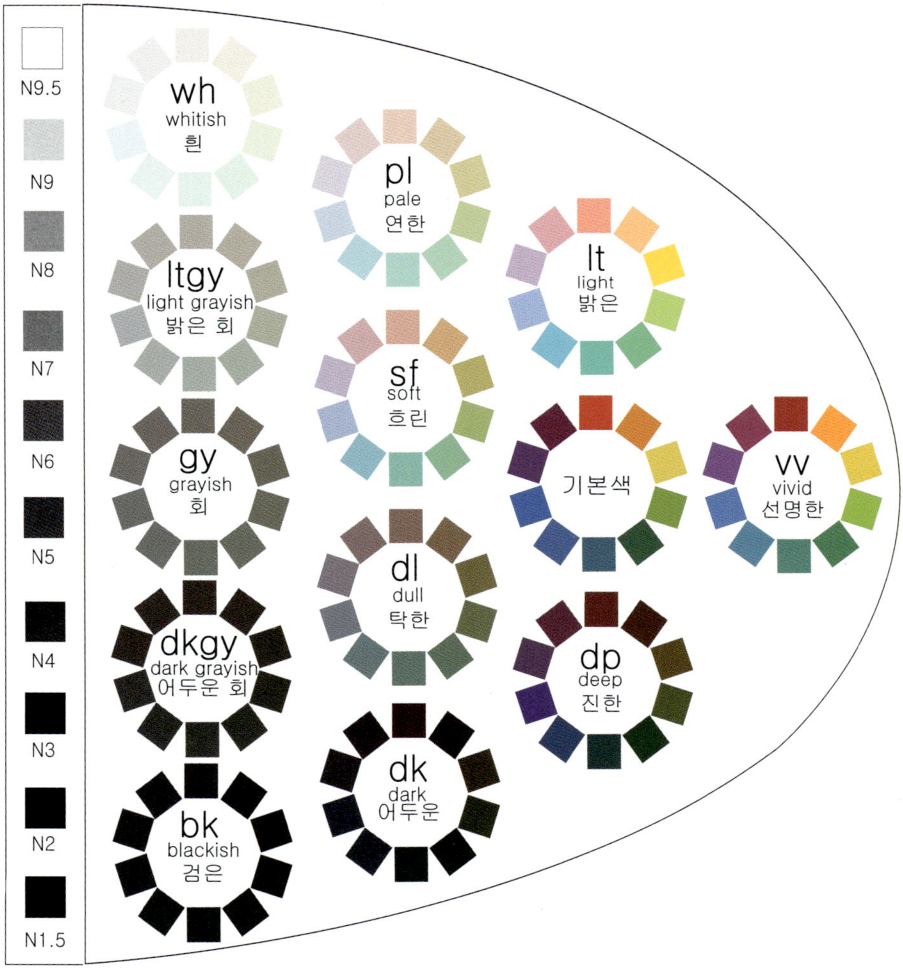

KS 표준색 C&D 155 Hue & Tone 155 색체계

	R 빨강	YR 주황	Y 노랑	GY 연두	G 초록	BG 청록	B 파랑	PB 남색	P 보라	RP 자주
기본색										
vv 선명한										
dp 진한										
dk 어두운										
dl 탁한										
sf 흐린										
lt 밝은										
pl 연한										
wh 흰										
ltgy 밝은회										
gy 회색										
dkgy 어두운회										
bk 검은										

KS표준색 색 체계 155

1 비비드(vivid, 선명한)

중명도, 고채도의 원색, 선명한 톤으로 강렬하고 자극적이며 화려한 이미지를 준다. 기업의 CI나 BI 이미지에 많이 사용되며, 시인성이 높아 마케팅에 주로 사용된다. 스포티, 캐주얼, 다이내믹 이미지 표현에 활용된다.

2 기본색

비비드톤에 중명도의 회색을 약간 섞어 채도를 조금 낮춘 톤으로 선명하기보다는 탁한 느낌의 강한 이미지를 가지고 있다. 강렬하고 역동적인 표현의 스포츠나 색감이 풍부한 민속풍의 화려한 이미지에 사용한다.

3 라이트(light, 밝은)

비비트톤에 흰색을 소량 섞어 만든 톤으로 밝고 맑다. 페일톤보다 채도가 높아 젊고 발랄한 이미지에 적합하다. 밝고 화려한 포멀 웨어나 유아나 아동의 귀엽고 캐주얼한 느낌에 주로 사용한다.

4 페일(pale, 연한)

비비드톤에 약 6배의 흰색을 섞어 만든 부드럽고 가벼운 톤이다. 여성스럽고 맑은 이미지를 표현하는데 활용된다. 로맨틱하고 연약한 이미지로 여성스러운 페미닌룩에 어울린다.

5 소프트(soft, 흐린)

중명도, 중채도로 은은하고 수수한 톤이다. 차분하고 편안한 내추럴 이미지나 은은하고 온화한 이미지에 주로 사용된다.

6 덜(dull, 탁한)

비비드톤에 회색을 가미한 바랜 듯하고 가라앉은 톤으로 차분하고 격식 있는 이미지이다. 오래된 가구, 자연 소재의 고풍스러운 이미지를 지니고 있어 노블하고 고상한 이미지에 활용된다.

7 딥(deep, 진한)

비비드톤에 검정이 약간 섞인 톤이다. 자극이 강한 비비드에 비해서 명도와 채도가 낮아 깊고 짙은 톤으로 침착하고 중후하며 고급스러운 이미지를 나타낸다. 고저스하거나 클래식한 이미지를 표현할 때 효과적이다.

8 화이티시(whitish, 흰)

비비드톤에 약 10배의 흰색을 섞어 만들어 흰색이 주를 이루는 가장 밝고 부드러운 톤이다. 어린아이와 같이 순수하고 맑고 연약한 이미지를 주므로 유아복이나 로맨틱한 여성복에 많이 사용된다.

9 라이트 그레이시(light grayish, 밝은 회)

비비드에 밝은 회색이 가미되어 탁하고 흐린 이미지를 가진다. 은은하고 수수한 이미지로 도시적인 세련미의 시크나 자연스럽고 안정된 내추럴한 이미지에 사용된다.

10 그레이시(grayish, 회)

비비드에 회색을 가미한 중명도의 탁한 톤이다. 차분하고 수수한 이미지를 주어 낡은 듯한 자연스러움도 있지만, 지적이고 세련된 시크한 이미지로 소피스티케이트(세련된) 스타일을 잘 표현할 수 있다.

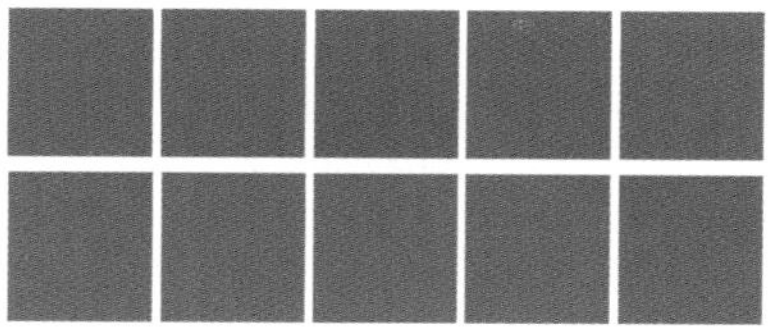

11 다크(dark, 어두운)

전체적으로 검정이 많이 가미되어 저채도의 어둡고 무거운 느낌을 지닌다. 색상이 적어 화려함이 없으며, 클래식이나 매니시, 모던한 이미지에 적합하다.

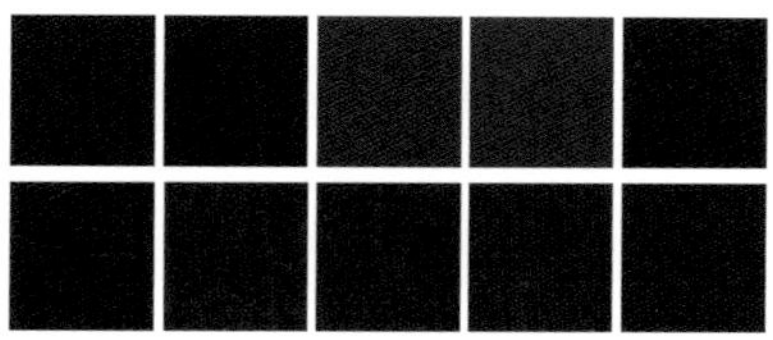

12 다크 그레이시(dark grayish, 어두운 회)

거의 검정에 가까운 명도가 아주 낮고 어둡고 짙은 톤이다. 검정에 가깝지만 검정과는 분위기가 다른 중후하고 엄숙하며 미묘한 신비감을 지니고 있다.

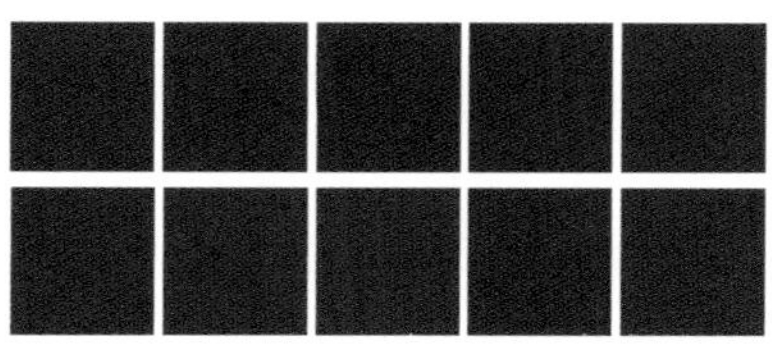

13 블래키시(blackish)

명도와 채도가 낮으며 검정에 가까운 색으로 무게감이 느껴지는 톤이다.

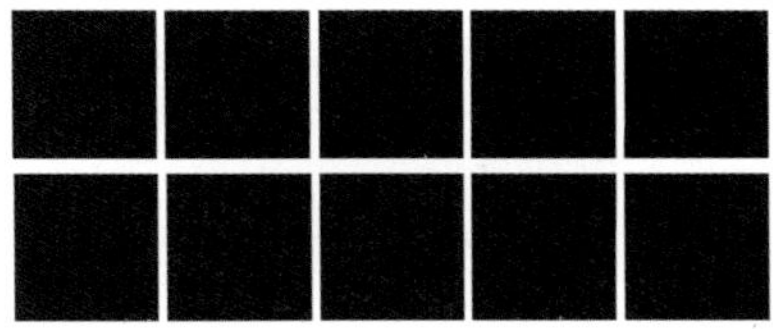

배색(配色)의 표현기법

배색은 두 가지 이상의 색상을 잘 어울리도록 배치하는 것으로 질서와 균형 감각이 중요하다. 색채는 그 색이 가지고 있는 고유의 이미지나 성격이 있는데, 배색에 따라 온화하거나 여성스러운 느낌 혹은 무겁고 중후한 느낌 등 그 고유색의 이미지만이 아닌 다양한 느낌을 줄 수 있다. '유사배색'은 전체적으로 통일된 분위기와 조용하고 온화하며 차분하고 안정된 이미지이며, '반대배색'은 강력하고 쾌적하며 생생한 이미지를 준다. 배색의 종류로는 색상, 명도, 채도에 따른 배색이 있다.

1 색상 기준 배색

동일색상 배색

기준색과 같은 색상이면서 명도나 채도 차이를 둔 배색이다. 통일감과 부드럽고 은은한 느낌을 주며, 톤 차이가 크면 명쾌함을 준다.

유사색상 배색

색상환에서 기준색 바로 옆에 근접한 색상과의 배색을 말한다. 친근하고 즐거운 느낌을 주며 온화함을 느낄 수 있다.

반대색상 배색

색상환에서 거리가 멀거나 보색 관계에 있는 색상 간의 배색을 말한다. 강한 대비로 화려하고 자극적인 생동감을 느낄 수 있다.

2 톤 기준 배색

동일톤 배색

색상이 서로 다르지만 동일한 톤의 색상과의 배색이다. 통일감과 일관성이 느껴지는 배색이다.

유사톤 배색

바로 인접해 있는 톤의 배색을 말한다. 전체적으로 안정감과 차분한 느낌을 줄 수 있다.

대조톤 배색

멀리 떨어져 있는 톤의 배색을 말한다. 강하고 명쾌한 느낌과 자극적인 느낌을 줄 수 있다.

3 배색의 응용

톤온톤(Tone On Tone) 배색

톤을 중첩시킨 배색이라는 의미로 동일색상에서 톤을 변화시키는 배색이다.

톤인톤(Tone In Tone) 배색

색상에 차이를 주면서 톤은 같거나 유사하게 배색한다. 온화하고 부드러운 효과를 준다.

토널(Tonal) 배색

톤인톤 배색과 비슷하며 중명도, 중채도의 다양한 색상을 이용한다. 안정되고 편안한 느낌을 준다.

까마이외(Camaieu) 배색

동일한 색상에서 약간의 톤 차이를 이용한 배색 방법이다. 색의 차이는 미묘하나 부드럽고 안정된 분위기를 준다. 톤온톤 배색과 비슷하나 톤 변화의 폭이 매우 작다.

포까마이외(Faux Camaieu) 배색

까마이외 배색과 비슷하나 색상과 톤에 약간의 변화를 더 줌으로써 편안함과 부드러움, 고상한 느낌을 준다. 포(Faux)는 프랑스어로 모조품 또는 가짜라는 의미를 지닌다.

다색상(Multi Color) 배색

고채도의 다양한 색상 배색으로 적극적이고 활동적인 느낌을 주고, 귀여움, 화려함을 표현하기 쉽다.

레피티션(repetition) 배색

'반복한다'는 의미로 두 색 이상을 사용해서 일정한 질서에 기초한 조화를 부여함으로써 통일감이나 율동감, 리듬감을 줄 수 있다.

비콜로(Bicolore) 배색

2색 배색으로 흰색과 비비드톤 컬러의 사용으로 분명한 대비 효과와 단정한 느낌을 줄 수 있다.

트리콜로(Tricolore) 배색

3색 배색으로 색상이나 톤의 명확한 대조가 요구되며, 흰색과 비비드톤 컬러의 사용으로 강렬하고 안정감 높은 배색을 할 수 있다.

그러데이션(Gradation) 배색

3색 이상의 다색 배색에서 점진적 변화 기법을 사용한 배색으로 시각적인 유동성을 줄 수 있다. 색상이나 명도, 채도, 톤의 조화를 통해 배색을 할 수 있으며, 단계적인 순서성이 있기 때문에 자연스러운 흐름과 리듬감이 생긴다.

세퍼레이션(Separation) 배색

두 색의 대비가 지나칠 때 흰색, 회색, 검정 등의 무채색(분리색)을 삽입하여 조화를 이루게 할 수 있으며, 유사한 경우엔 리듬감을 주게 된다.

도미넌트(Dominant) 배색

'지배적인'이라는 뜻으로 색이나 형태, 질감 등의 공통된 조건으로 전체에 통일감을 주는 방법이다.

악센트(Accent) 배색

단조로운 배색에 대조적인 색상이나 톤을 사용함으로써 강조점을 부각시키고 전체적인 밸런스를 맞춰 균형 있게 한다. 주조색과 강조색의 면적비는 약 7:3, 8:2 정도가 좋다.

이미지 스케일

이미지의 미묘한 차이를 표현할 수 있는 최소의 기본 단위인 3색 배색을 이용하여 만들어졌다. 단색 이미지 스케일과 마찬가지로 기본적인 두 축은 '부드러운-딱딱한', '동정인-정적인'으로 구성된다.

'세로축'은 채도에 따라 고채도, 난색 계열로 동적인 속성을 가진 배색에서 저채도, 한색 계열에 정적인 속성을 지닌 배색으로 이루어져 있고, '세로축'은 부드러운 고명도에서 딱딱한 저명도로 이루어져 있다.

비슷한 느낌의 배색끼리 묶어 각 그룹에 귀여운, 맑은, 화려한 등의 12개의 키워드를 부여한 후 몇 개의 그룹을 만들어서 배색이 가진 특징과 그 차이를 명확히 알 수 있다.

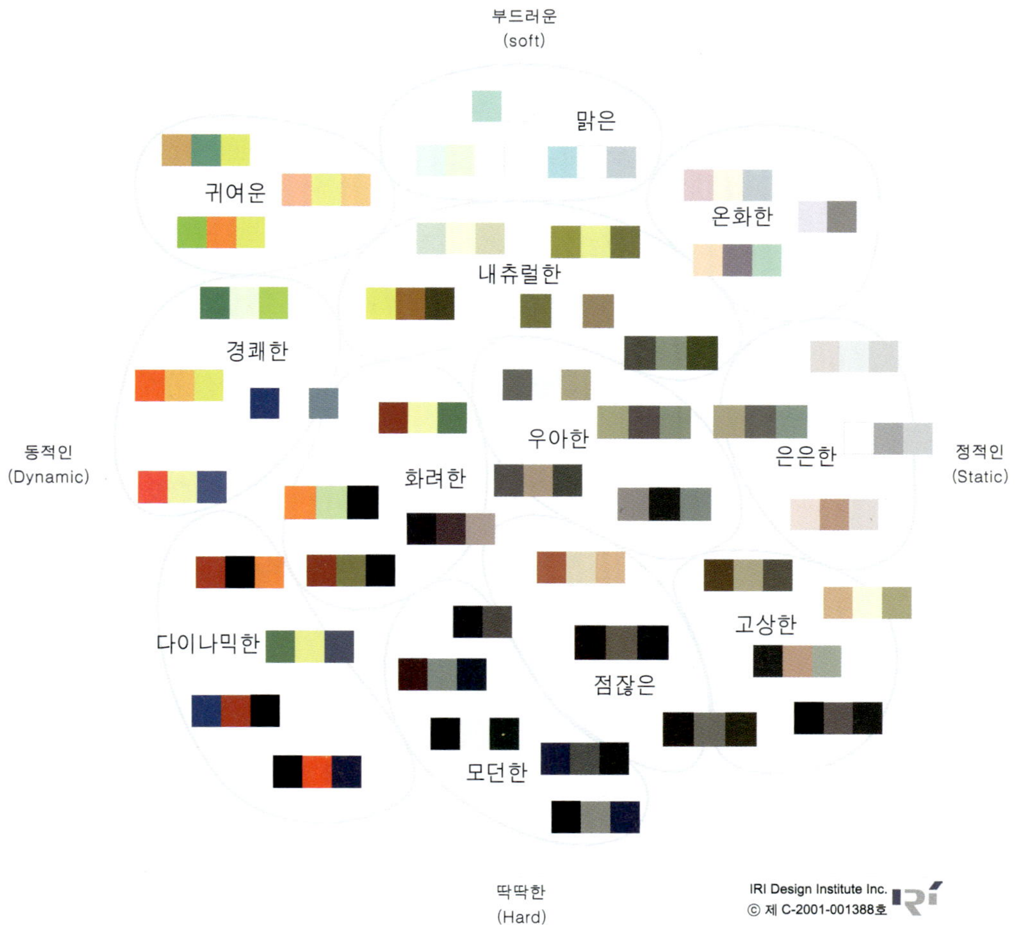

I.R.I. 배색 이미지 스케일

08

네일 살롱 경영의 이해

서비스의 정의

서비스는 재화를 생산하지는 않으나, 그것을 운반·배급, 생산·소비에 필요한 노무를 제공하는 것이다. 서비스(Service)의 어원은 노예(Servu)라는 단어에서 유래되어 사용되기 시작하였다. 이는 개인적으로 타인을 위해 봉사하는 것으로, 서비스 제공자가 고객에게 편의를 제공하는 것으로 사전적 의미를 정의하고 있다.

미국마케팅협회(AMA)는 서비스를 판매하기 위하여 제공되거나, 상품판매와의 관계에서 준비되는 재활동, 편익, 만족이라고 정의하고 있다. 서비스는 시장에서 판매되는 무형의 제품으로 유형과 무형을 구분하는 방법은 손으로 만질 수 있는가이다.

1 서비스의 특성

서비스의 특성은 크게 4가지로 분류한다. 뷰티 서비스가 일반적인 서비스 제공과 다른 한 가지는 미용기술을 바탕으로 고객에게 제공하는 하나의 상품으로, 서비스품질 만족을 위해 지속적으로 가치를 창출하는 모든 활동이라 말할 수 있다. 뷰티 서비스의 일반적인 특성은 다음과 같다.

무형성

서비스는 눈에 보이는 가시적인 제품이 아니기에 직접 경험을 통해 서비스품질을 알 수 있다. 즉, 처음 방문하는 업체에서 제공되는 서비스의 수준이 어느 정도인지 예측하기 어려운 상황이다. 따라서 고객은 시설과 접객, 종업원의 복장 및 행동과 태도 등 눈에 보이는 것으로 판단하고 추측할 수밖에 없다.

소멸성

서비스는 생산과 동시에 소비되기에 재고를 만들 수 없다. 따라서 서비스는 수요와 공급의 균형을 이루기 어려우므로 수요와 공급 간의 조화를 이루는 전략이 필요하다. 구체적으로는 수요에 따라 생산을 계획하고 종업원의 채용을 통해 유연성을 확보해야 한다. 또한 종업원에게 여러 직무에 대한 교육을 시행해 유사시에 서로 도울 수 있는 기반을 만들어야 한다.

비분리성

서비스는 생산과 소비가 동시적임을 의미한다. 즉, 서비스 제공이 반드시 수행된 후 소비가 이루어진다. 따라서 서비스의 질은 서비스 제공자의 능력과 서비스 제공자와 고객 간 상호작용의 질에 크게 의존한다. 이러한 고객과의 상호작용을 관리하는 기능이 상호작용 마케팅 기능이며, 전통적 마케팅 기능과 본질에서 다른 접근이 필요하다.

이질성

서비스가 제공되는 품질이 항상 고르지 않아 누가, 언제, 어디서 서비스를 제공하느냐에 따라 차이가 나타난다.

고객이 만족하는 서비스품질을 제공하기 위해서는 미용의 기술적 품질을 기반으로, 전문적인 지식과 고객접객 시스템의 체계적인 관리와 유지를 위한 교육 및 훈련, 서비스 메뉴개발, 고객관리 등이 필요하다.

서비스의 특성

구분	특성
무형성 (Intangibility)	눈에 보이는 형태로 제시하기 힘들다.
소멸성 (Perishability)	서비스를 사용하는 동시에 사라진다.
비분리성 (Inseparability)	생산과 소비가 동시에 일어난다.
이질성 (Inseparability)	고객이 경험하는 서비스는 언제나 다르다.

서비스 마인드

고객의 신뢰는 다음 3가지 사항을 갖출 때 비로소 얻을 수 있다.

① 제품에 관한 지식

② 경청의 기술

③ 문제해결 기술

서비스인이 필히 가져야 할 인적 능력

① 커뮤니케이션능력

② 인간관계 대처능력

③ 판단력

④ 기억력

뷰티 서비스 산업의 특징

뷰티 서비스산업의 특성은 소규모의 영세 소상공인으로 매출이 매우 불안정하며, 유통산업과 관리 업체를 운영하는 데 큰 어려움을 겪고 있다. 이는 노동력을 제공하는 종업원의 잦은 이직과 인건비의 상승, 운영자금 조달에 관한 문제로 어려움이 가중되고 있기 때문이다. 특히 소비자의 욕구 증대로 인한 업체의 인테리어 및 부대시설 확충은 운영상의 문제로 떠오르고 있다. 서비스산업이 성장·발전함에 따라 뷰티 서비스산업에 대한 고객의 인식도 바뀌고 있다.

1 경쟁 심화와 규모의 영세성

우리나라에는 약 20만 명 정도가 뷰티 서비스업에 종사하며, 이·미용 서비스업체는 약 127,000여 개로 추산되고 있다.

뷰티 서비스업은 규모와 조직의 대형 사업체와 영세 사업체로 양극화 현상이 나타나고 있다. 뷰티 서비스업체의 마케팅 능력과 고객관리, 서비스품질 등 경영관리능력에 따라 양극화 현상이 두드러지게 나타나며, 동종의 업체 간 양극화 현상이 심화되고 있다.

2 인적자원의 중요성

뷰티 서비스는 새로운 기술과 감각을 요구하며, 고객은 차별화된 개성을 추구하고, 기술적 발전에 높은 가치를 부여하고 있다.

뷰티 서비스는 고객과 서비스를 제공하는 종업원 사이의 상호작용에 따라 고객만족에 영향을 주기 때문에 최상의 서비스가 제공되어야 고객의 재방문과 매출의 증가로 연계가 된다. 그러므로 종업원의 인적자원 관리와 개발, 활용, 평가, 보상, 유지에 관련되어 전략적이며, 계획적이고, 합리적인 관리 활동이 필요하다.

3 생산성의 한계

뷰티 서비스는 고객이 원하는 결과를 제공하기 위해서 전문 지식을 기반으로 고객과의 의사소통에 중점을 둬야 된다. 고객만족은 단순한 기술적 능력에 의해서 나타나는 것이 아니라 업무에 관한 충분한 지식과 고객의 마음을 잘 파악해 만족감을 높여주어야 한다.

뷰티 서비스는 고객이 입점하면 종업원이 고객에게 서비스를 제공한다. 그러나 고객은 일정한 간격을 두고 입점하지 않으므로 고객의 유입이 많을 때 원하는 서비스를 제공하기 위해 잘 훈련되고, 고객지향적 사고를 함양한 종업원이 필요하다.

뷰티 서비스 경영과 관리 방법

1 서비스 경영

서비스 경영(service management)은 서비스 본질과 경영이라는 기반에 충실해야 한다. 경영의 광의의 개념은 한정된 자원과 지식, 정보, 시간 등을 가장 효율적으로 사용하여 개인이나 조직의 목표를 효과적으로 달성하며, 존재의 가치를 지속적으로 유지하기 위하여 진행되는 계획, 실행, 통제의 경제적 활동을 의미한다.

경영학자 피터 드러커(Peter Fedinand Drucker, 1901~2005)는 "모든 경영관리 문제의 60% 이상이 잘못된 커뮤니케이션에서 기인한다"며 현장에서 생각하고 학습하며, 사람들과 커뮤니케이션한다고 말하였다. 또한 그 안에서 전문능력을 익히고, 업무실적을 쌓으며, 신뢰받는 자신을 만든다고 하였다.

2 관리

관리(Management)는 계획(Plan) - 실행(Do) - 조정(see)을 진행하는 것으로, 조직의 목표를 달성하기 위하여 조직이 상호작용하는 과정을 의미한다.

관리는 조직의 목표를 설정, 계획을 세우며, 인적자원과 물적자원을 조직하고, 구성원의 활동을 지휘, 조정, 통제하는 기술적 업무를 말한다. 또한 조직의 구성과 운영, 구성원의 충원, 평가, 효율적인 운영과 통제 및 이를 피드백하는 구조적 활동이며, 기능의 반복적인 운영을 통해 조직을 관리한다.

3 관리자의 업무역량 2요소

관리자의 역할에 있어 중요한 것은 기업 전반의 업무파악이 중요하며, 그것을 토대로 분석하는 것이다.

전문적 기술(Technical skill)

맡겨진 업무를 수행하는 데 필요한 지식과 기술 등의 활용 능력을 의미하며, 기술은 주로 경험이나 교육·훈련 등에 의하여 습득하게 된다.

인간관계적 기술(Human skill)

사람들을 잘 다룰 수 있는 능력을 리더십이라 하며, 조직 구성원의 동기부여와 비전의 제시 등이 포함된다.

개념적 기술(Concept skill)

조직 전체의 목표를 포괄적으로 파악하고, 관리자로서의 업무가 전체 조직 중 어느 부서와 관련성이 있는 것인지를 파악하는 능력을 의미한다.

고객관리

다수의 점포가 치열하게 경쟁하는 상황이 많으므로 적극적인 고객관리가 필요하다.

① 고객의 니즈를 파악해야 한다.

② 고객에 대한 지식, 즉 정보를 파악한다.

- 1:1 고객 맞춤 서비스 제공으로 변화해야 한다.
- 1:1 마케팅 → 고객관리에 대한 이해가 필수 조건이다.

③ 창업에서 고객관리는 이익 창출의 원천이다.

- 예비창업자는 개점 시 고객관리에 관하여 준비해야만 한다.
- 창업 준비과정에서 고객관리는 고객 확보의 전초전이라고 할 수 있다.

고객관리 단계

1 고객 확보 단계

창업 전 주기에서 이루어지나, 주로 창업 초기(개점 전~개전 1개월)에 많이 이루어진다. 시장 점유율 및 고객 점유율을 확장해 나가기 위한 활동이다.

2 고객 유지 단계

고객의 이탈을 방지하고, 고객과의 관계 형성, 고정고객을 만드는 활동이다.

3 평생 고객화 단계

고객의 충성도와 신뢰를 바탕으로 평생 고객 또는 동반자 관계로 발전하는 단계는 고객관리의 궁극적인 목적이라고 할 수 있다.

고객, 고객만족

1 고객의 분류

내부고객

가치를 생산하는 고객으로 나를 중심으로 하는 상사, 부하, 동료, 경영자, 생산자 등 가치를 생산·제공하는 종업원들을 통틀어 이르는 말이다.

외부고객

가치를 구매하여 사용하는 고객으로 제품이나 서비스를 제공받는 가치구매 고객과 주주, 협력회사, 지역주민 등을 말한다.

2 고객만족의 개념

현대를 고객만족의 경영시대라고 한다. 고객만족이란 'Customer Satisfaction'이라 하며 그 약자로 'CS'라 한다.

고객들이 질(質)보다 양(量)의 충족에 만족하였던 생산주도형 사회에서 1990년대 이후 고객주도형 사회가 도래하면서 고객은 양보다는 질을 추구하게 되었고, 차별화된 서비스를 요구하였다. 이에 따라 각 기업에서는 경영전략을 고객만족 경영에 초점을 두고 '한 번 고객을 평생고객으로', '고객을 하늘처럼', '고객을 최고로' 등의 슬로건을 정하여 업무 프로세스를 개선하거나 각종 아이디어를 개발하여 고객에게 감동과 행복을 제공하기 위해 노력하고 있다.

미국에서는 두 가지 의미로 쓰이는데, 하나는 Customer Satisfaction(고객만족), 다른 하나는 Customer Service(고객서비스)이다. 우리나라에서의 CS는 '고객만족'의 의미로 통일된다.

3 고객만족 3요소

고객이 기업이나 사업체(매장)의 직원과 접촉하는 순간은 기업(사업체, 매장) 이미지, 편의시설, 주차시설, 건물이나 매장의 청결도, 매장 분위기 등 고객이 물리적으로 체험하는 요소인 '하드웨어(Hardware) 요소', '상품', '서비스 프로그램', '예약', '서비스'등 고객이 접하는 시스템인 '소프트웨어(Software) 요소', 친절도, 용모. 태도, 의사소통, 신뢰성, 이미지, 서비스마인드 등 직원의 응대 태도에 대한 만족도인 '휴먼웨어(Human-ware)' 요소로 이루어져 있다.

이를 바탕으로 고객만족 3요소인 '상품', '서비스', '기업(사업체) 이미지' 등이 복합적으로 시너지 효과가 발휘한다면 고객만족은 이루어지고 기업(사업체)의 경영목적은 달성될 것이다.

고객접점(MOT)의 이해

스페인 투우 용어인 'Moment De la Verdad'를 의미하는 것으로 마케팅학자 리차드 노만(R. Norman)이 서비스 품질관리에 최초로 사용한 용어이다.

투우경기에서 소의 삶과 죽음을 가르는 일대일의 대결이 결정적 진실의 순간인 것처럼 기업에서 가장 중요한 결정적 순간은 고객과 만나는 짧은 순간이며, 관리되지 않는다면 서비스품질은 낮아진다. 즉, 기업의 이미지나 생존을 결정짓고 성패와 인식을 결정할 수 있는 중요한 요소가 고객접점인 것이다.

고객은 자신의 기억 속에 기업에 대한 자료를 모두 가지고 있다. 철저하게 고객의 기억 속에 각인시키고 충성고객으로 만들기 위해서는 고객의 접점 가운데 가장 중요한 요소인 관심, 애정, 편의성과 제공하는 서비스의 장점을 고객에게 인식시킨다. 따라서 기업의 신뢰수준에 따라 생명력이 결정됨을 반드시 기억해야 한다.

커뮤니케이션과 이미지 메이킹

1 커뮤니케이션의 개념

커뮤니케이션(communication, 의사소통)이란 조직 내에서 정보를 교환하며 리더십, 횡적인 협조관계, 개인적인 만남, 고객과의 만남 등 모든 인간관계를 말하며, CS는 효과적인 의사소통에 의존함과 동시에 상하관계의 철저를 기하기 위한 기술을 말한다. 개인이나 집단 내에서 인간관계의 제1차적이고 가장 기본적인 수단은 의사소통이며, 인간관계 연구에서 가장 중요한 위치를 차지하고 있다. 미국의 사회학자 앨버트 메르비안은 55% 정도는 비언어적 몸짓, 38%는 어조, 억양, 음성 등이며, 7% 정도는 말로 이루어진다고 했다.

2 비언어적 커뮤니케이션과 이미지 메이킹

'성공하는 사람에게는 표정이 있다'라는 말이 있듯이 그 사람의 감정이 겉으로 드러나는 것을 의미하며, 표정은 이미지메이킹에서 핵심적인 키워드이다. 얼굴은 수십 가지의 감정을 표현하며 기분상태, 건강상태, 교양 정도를 가늠할 수 있다. 심리학자인 미국의 제임스와 덴마크의 랑케는 '사람은 슬퍼서 우는 것이 아니라 울기 때문에 슬퍼지는 것이고, 즐거워서 웃는 것이 아니라 웃기 때문에 즐거워진다'는 심리이론을 밝혔다.

미소는 친근한 관계나 무엇에 대한 긍정의 의미를 지닌 대표적인 비언어적 신호의 하나이고 대인관계에 있어 첫 만남의 중요한 요소가 되며, 사람의 신체 중에서 가장 표현력 있고 눈에 띄는 신체언어이다. 특히 표정은 자신의 속마음을 감추려 해도 포커페이스를 하지 못하면 드러나게 되므로 더 강력한 작용과 효과를 보여줄 수도 있으므로, 언어적 커뮤니케이션의 보조적인 역할을 넘어 중요한 의사소통 수단으로 인식해야 한다.

비언어적 커뮤니케이션은 세계인의 공통어라고 할 수 있는 신체언어(Body Larguage)를 통한 의사소통이다. 보디랭귀지라 하며 얼굴, 체격, 체형, 태도, 자세, 목소리, 의상, 두발, 화장, 미소 등과 접촉을 통해서 표현하게 되는 관심, 신뢰, 애정, 흥미, 호의 등을 포함한다. 따라서 비언어적 커뮤니케이션은 상대와 상황에 따라 수많은 말보다도 더 강력한 의사소통의 요소가 되기도 한다.

태도 이미지

태도는 그 사람의 감정과 표정을 담아내고 습관에 영향을 받으며 인성과 인격을 나타낸다. 바른 자세를 가진 사람은 당당하고 자신감 있게 보인다. 또한 상대방에게 예의를 갖추고 따뜻한 마음으로 태도를 보이는 것은 사람과의 의사 표현에 도움을 준다.

바른 자세는 개인의 연령, 성별, 체형, 직업적인 특성에 따라 기준이 다르며 상대방에게 존경과 관심, 사람과의 관계를 나타낼 수 있다. 바른 자세를 통하여 상대방 쪽으로 몸을 기울이고 말에 관심을 표현하는 자세는 우호적인 관계의 뜻과 호감을 표시하며, 본인 스스로에게도 인간관계에 대한 자신감을 줄 수 있다.

반면 몸을 뒤로 젖히거나 팔짱을 끼며 다리를 포개는 자세는 비우호적인 관계를 표현하는 것이며, 소심하거나 구부정하고 꼿꼿하지 않은 자세는 자신감 없는 이미지를 줄 수 있다. 따라서 상대방에게 상황에 따른 바른 자세와 제스처 등을 보여줌으로써 자신의 좋은 이미지를 전달할 수 있다.

비언어적 커뮤니케이션 시 유의점

사람은 말을 배우기 시작할 때 직접적인 대화보다는 신체언어를 먼저 습득한다.

즉, 사람이 태어나서 가장 먼저 접하는 언어가 바로 신체언어이다. 신체언어에는 얼굴표정, 눈맞춤, 제스처, 자세 등이 있다.

무심결에 나타나는 버릇 때문에 조직의 가장자리에서만 맴돌거나 인사에 불이익을 당하는 경우가 있다. 예를 들어, 앉으면 다리를 떨고, 걸을 때 머리를 숙이고 걷거나 산만하고 불안한 개인적인 습관 등의 행동은 근심이 있거나 불안해 보이고 어떤 것을 숨기고 있다는 사실을 시사하는 부정적인 이미지를 주게 된다. 따라서 비즈니스와 인간관계 형성에 방해가 될 수 있는 유의점을 알아보도록 하자.

① 상대를 만지거나 손으로 때리면서 대화하는 것

② 상대의 옷을 잡아당기는 행동

③ 자신의 몸을 긁거나 머리카락, 얼굴을 만지면서 말을 하는 것

④ 자신의 입술을 물거나 핥는 행동

⑤ 손가락으로 두드리거나 다른 도구를 이용하여 만지작거리는 것

⑥ 대화 도중 음식물, 껌을 씹는 것

고객 컴플레인과 클레임

고객이 불만을 표현하는 것은 그 원인에 따라 크게 컴플레인과 클레임으로 구분할 수 있다.

1 컴플레인(complain)

컴플레인은 고객의 주관적인 평가로 불만족스러운 메뉴 및 서비스에 대한 불평을 전달하는 것을 의미한다. 고객의 감정이 개입된 것으로 직원의 태도가 불친절하다고 지적하는 경우, 주문한 메뉴가 늦게 나왔을 경우, 필요한 식기류 제공이 안 되었을 경우 등이다.

2 클레임(claim)

클레임은 어느 고객이든 제기할 수 있는 객관적인 문제점에 대한 고객의 지적이라 할 수 있다. 예를 들어, 고객에게 제공된 음식에 머리카락, 수세미 등 기타 이물질이 들어있는 경우, 식중독이 걸렸을 경우, 신발을 분실했을 경우 등 매장에 들어서면서 식사를 하고 나가기까지 고객이 업소를 이용할 때와 식사를 하는 데 있어서 불만 사항에 대한 수정사항 및 배상요구의 의미가 더해진 것을 뜻한다.

동일한 문제 상황에 처해 있다 하더라도 컴플레인으로 발생할지, 클레임으로 이어질지는 고객 성향에 따라, 예기치 못한 상황에 따라 발생한다. 때문에 문제가 발생하면 적재적소에 따라 빠른 시간 내에 해결함과 동시에 직원이 진심으로 사과하는 마음을 전달해야 한다.

3 불만 고객 응대와 기본원칙

책임 공감의 원칙

우리는 조직 구성원의 일원으로서 내가 한 행동의 결과이든 다른 사람의 일처리 결과이든 고객의 불만족에 대한 책임을 같이 져야만 한다.

의사소통이 활발하고 유기적인 협조가 이루어지는 조직은 담당자가 없어도 옆자리의 동료들이 자신의 일보다 더 친절하고 깔끔하게 일처리를 해 준다. 이와 같이 고객에게는 누가 담당자인지가 중요한 것이 아니라 나의 문제를 해결해 줄 것인지 아닌지가 중요한 것이다.

감정통제의 원칙

거친 고객들을 만나다 보면 자신도 모르게 자신의 감정을 드러내는 경우가 발생하게 된다. 프로와 아마추어의 차이는 그것을 통제할 수 있느냐 없느냐의 차이이다. 자신을 잃지 않고 감정을 지켜나가는 사람은 최후의 승리자가 될 것이며, 그렇지 않고 잠시 감정의 끈을 풀어놓은 사람은 어느 순간에는 타인에게 끌려가게 될 것이다.

역지사지의 원칙

고객을 이해하기 위해서는 반드시 그의 입장에서 문제를 바라봐야 한다. 고객은 우리의 규정을 알지도 못하고 그 규정의 합리적 이유도 알지 못하며 업무가 처리되는 절차는 더더욱 알지 못한다,

09

네일 살롱 창업준비

뷰티 서비스 창업

1 창업 진행 준비

① 1단계는 창업자의 환경분석으로 창업자의 내적 요인과 자금 및 개업 시기 등으로 구성된다.

② 2단계는 입지선정, 상권분석, 사업 타당성 분석을 통한 구체적 실행을 계획한다.

③ 3단계는 선정된 점포의 개업에 필요한 인테리어 및 기자재 등을 준비하는 단계이다.

④ 4단계는 개점을 위한 가격정책, 인력계획, 서비스 운영계획, 홍보판촉계획 등을 수립하여 경쟁우위 전략을 수립한다.

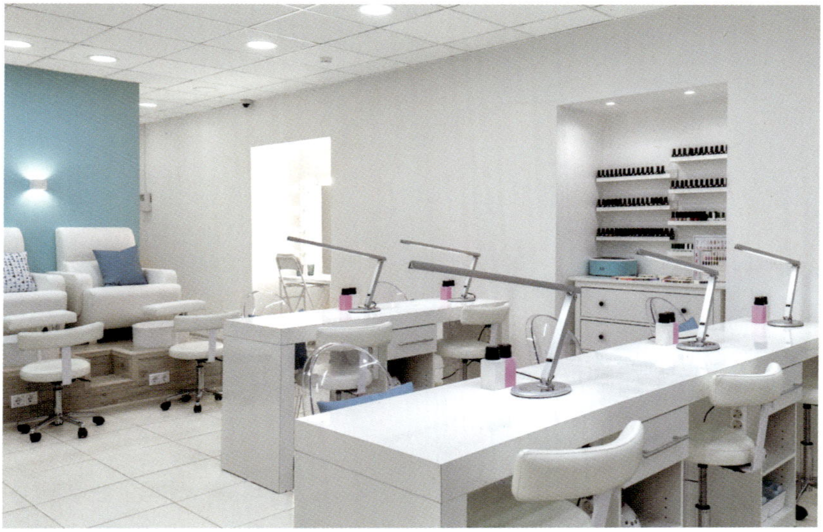

2 인허가 사항

뷰티 서비스업 인허가 절차

① 건강진단서 : 각 시, 군, 구청 보건소 또는 병원, 의원에서 간질환자, 정신질환자, 향정신성 마약류 상습 복용 및 투여자가 아님을 확인한 진단서를 받는다.

② 각 시, 군, 구청 위생과를 방문하여 접수(진단서, 자격증, 사진) 면허증 발급을 받는다.

③ 위생교육 : 시, 군, 구청에서 위탁 지정하는 교육기관에서 교육 이수 후 위생교육 필증을 받는다(주민등록증, 교육비).

④ 영업 신고필증 교부 : 각 시, 군, 구청 위생과(위생교육 필증, 임대차 계약서, 면허증)에서 신청한다.

⑤ 사업자등록증 신청 : 담당 세무서에서 (신청서 양식, 임대차 계약서, 주민등록등본, 도장, 영업허가증, 신분증) 사업자등록증을 신청한다.

⑥ 신용카드 가맹점 신청 : 사업자등록증 발급 후 신용카드 단말기 업체에 신청한다.

점포 운영관리

점포 운영관리, 즉 살롱관리의 기본적인 요소로 매출 관리, 고객 관리, 서비스품질 관리, 고용 관리, 점포 환경 관리, 서비스 프로세스 개발 등을 효율적으로 운영하여 수익을 극대화해 나가야 할 것이다.

1 매출 관리

매출은 개인이나 기업이 이익을 얻기 위한 목적으로 제품을 판매 또는 서비스를 제공하고, 그 대가를 받는 영업수익을 뜻한다. 일반적인 매출이라 하면 기업에서 생산공정을 마친 물품을 거래처나 소비자에게 판매하고 발생한 수익을 의미한다. 뷰티 서비스업의 경우 유형의 상품과 무형의 상품을 결합 또는 제공함으로써 매출이 발생한다.

수익성에 영향을 주는 요소

원재료비

최상의 제품을 최저가로 구매 후 최고가로 판매하는 것이다.

인건비

고정지출 비용으로 매출에 관계없이 지출되는 비용이다.

임대료

작을수록 유리하다. 매출의 10% 미만이 적당하다.

매출

· 매출은 수익의 원천이다.

· 관리비, 공과금, 세금, 카드수수료 등도 수익성에 영향을 미친다.

예약 서비스

예약 서비스는 고객들에게 편의성을 제공하고 네일숍의 운영 효율성을 높이는 중요한 요소 중 하나이다.

1 온라인 예약 시스템 구축

고객들이 인터넷을 통해 편리하게 예약할 수 있는 온라인 예약 시스템을 구축하는 것이 중요하다. 웹사이트나 앱을 통해 예약 가능한 시간대와 날짜를 보여주고, 예약 절차를 단순화하여 사용자 경험을 향상시킬 수 있다.

2 고객 정보 관리

예약 시스템을 통해 고객들의 정보를 수집하고 관리한다. 고객의 선호 스타일, 예약 이력 등을 파악하여 맞춤형 서비스를 제공하고 재방문을 유도할 수 있다.

3 알림과 리마인더 서비스

예약 확인 및 예약 이전에 고객들에게 알림 메시지나 이메일을 보내어 일정을 상기시키는 서비스를 제공한다. 이를 통해 예약의 변동이나 취소 등을 방지할 수 있다.

4 예약 시간 관리

네일 아티스트들의 스케줄을 효율적으로 관리하여 예약 시간을 최적화한다. 중복 예약이나 시간 간격을 적절히 조절하여 원활한 운영을 도모한다.

5 취소 및 변경 정책

고객들이 예약을 취소하거나 변경할 경우의 정책을 확립한다. 취소 수수료나 변경 가능한 기간 등을 명확히 안내하여 혼란을 방지한다.

6 평가와 리뷰 시스템

예약 후 고객들이 서비스에 대한 평가와 리뷰를 남길 수 있는 시스템을 도입한다. 이를 통해 다른 고객들에게 신뢰성 있는 정보를 제공하고 향후 서비스 품질 문의나 도움 요청에 빠르고 신속하게 해결하여 만족도를 높일 수 있다

7 마케팅 및 프로모션 활용

예약 서비스를 홍보하고 고객들에게 유용한 정보나 프로모션을 제공하여 예약을 유도한다. 소셜미디어나 이메일을 활용하여 예약률을 높일 수 있다.

접객 에티튜드

고객과의 원활한 소통과 긍정적인 인상을 유지하기 위해 중요한 것이 "접객 에티튜드"이다. 접객 에티튜드란 고객과의 상호작용에서 보여지는 태도와 행동으로 고객의 만족도와 회사 평판에 큰 영향을 미친다.

1 친절함

고객들을 환영하고 친절하게 대한다. 웃음과 함께 고객을 맞이하여 따뜻한 분위기를 조성한다. 고객들이 기분 좋게 느낄 수 있도록 노력해야 한다.

2 전문성

제품 및 서비스에 대한 전문성을 보여준다. 고객의 질문에 자신있게 답변하고 추천사항을 제공하는 데 지식을 활용한다.

3 이해

고객들의 요구를 귀 기울여 듣고 이해한다. 고객의 의견을 존중하고 그들이 원하는 결과를 얻을 수 있도록 노력한다.

4 비판과 불만 처리

고객의 불만이나 비판을 받을 경우에도 침착하게 대응한다. 고객의 의견을 경청하고 문제를 해결하기 위해 최선을 다하려는 의지를 보여준다.

5 시간관리

예약된 시간에 맞춰 고객을 대기하고 예약시간을 정확하게 지켜준다. 고객의 시간을 소중히 여기는 태도를 보여주어 신뢰를 구축할 수 있다.

6 위생

청결하고 정돈된 외모로 고객에게 좋은 인상을 남겨준다. 개인위생과 네일 작업 공간의 청결을 유지하는 것이 중요하다.

7 언어

고객들 앞에서 프로패셔널하고 정중한 태도를 유지한다. 적절한 언어와 태도로 고객과 대화하며 고객의 편안한 느낌을 유지한다.

8 평가와 피드백 수용

고객의 평가와 피드백을 열린 마음으로 받아들인다. 피드백을 통해 개선할 점을 찾고 지속적으로 서비스의 질을 높이는 노력을 보인다.

숍 위생관리

네일숍의 위생관리는 고객의 건강과 안전을 보호하며 전반적인 고객만족도를 높이기 위해 중요한 부분이다.

1 용품 및 장비의 청결

네일 아티스트들은 작업 전후에 손과 작업 도구들을 철저히 소독하고 청결한 상태를 유지해야 한다. 일회용 제품을 사용하거나 재사용 가능한 제품을 적절하게 소독하여 고객의 건강을 보호해야 한다.

2 세척 및 소독

사용한 클리퍼, 푸셔, 니퍼, 브러시 등 개별 표장이나 소독 공정을 거쳐야 한다. 고객마다 개별 용품을 사용하는 것이 바람직하며 여러 고객에 사용할 경우에는 제대로 소독해야 한다.

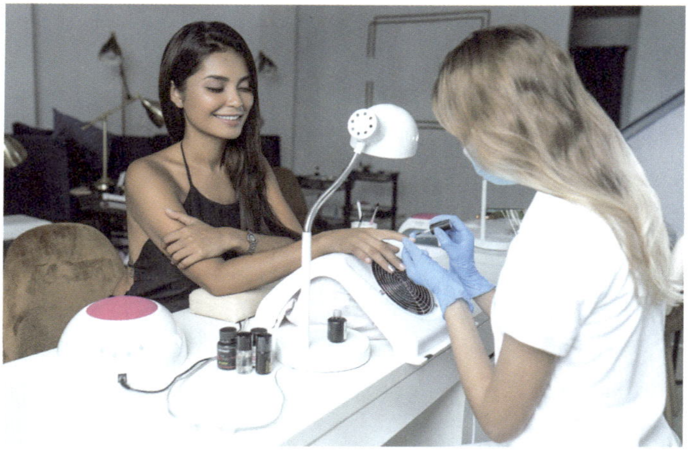

3 손위생 유지

네일 아티스트들은 작업할 때 손을 깨끗하게 유지하고 필요한 경우 손 소독제를 사용하여 손 위생을 보장해야 한다.

4 작업 공간의 청결

작업 테이블, 의자, 작업 도구 등 작업 환경은 항상 청결한 상태를 유지해야 한다. 작업 중 먼지나 화학물질로부터 고객을 보호하기 위해 작업 환경을 깨끗하게 관리한다.

5 공기 품질 관리

네일 아트 작업 공간은 통풍이 잘 되도록 유지하여 공기 중의 화학 물질이나 냄새가 쌓이지 않도록 해야 한다.

6 위생 교육 훈련

네일 아티스트들에게 정기적으로 위생 관리와 안전 절차에 대한 교육을 제공한다. 새로운 규정이나 방법론에 대한 최신 정보를 전달하여 업무의 효율성과 안전성을 높인다.

7 폐기물 관리

일회용 제품이나 사용한 소독천 등의 폐기물은 적절한 방법으로 처분해야 한다. 환경 보호를 위해 폐기물 관련 규정을 준수한다.

8 알레르기 대응

고객 중 피부 알레르기가 있는 경우를 고려하여 알레르기 대응 방안을 마련한다. 알레르기 유발 물질을 식별하고 이를 최소화하는 노력이 필요하다.

네일숍 원장님 인터뷰

Q. 네일 원장님의 경력과 배움의 과정에 대해서 간단히 소개해주세요.

A. 네일 국가자격증을 3개월의 과정으로 취득하였고 초보 선생님으로 네일숍에 취업하였습니다. 2년 정도 근무 후 부족한 기술을 채우고 싶어서 다른 네일숍에 재취업하여 기술 배움을 확장하였으며 직원 생활을 3년 하다가 경력과 기술이 채워짐과 동시에 숍인숍으로 미용실 안에 있는 1평의 공간을 빌려 저만의 네일숍을 차렸습니다. 경험이 부족해서 시장조사를 잘못한 바, 유동인구가 적었던 곳이라 3개월의 운영 끝에 아쉽게도 정리한 이후 많은 아쉬움이 남아 시장조사부터 다시 시작하였고 유동 인구가 많은 현재 네일숍 '건대네일'로 재출발하였습니다. 바로 포기하지 않고 끊임없는 도전으로 현재에 만족하며 안정적인 네일숍을 운영중입니다.

Q. 네일 산업의 현재 동향에 대해 알려주세요. 어떤 네일 스타일이 인기가 있고, 어떤 기술이 주목받고 있는지 알려주세요.

A. 숍마다 추구하는 스타일이 다르고 계절별로 인기스타일이 달라지며 또 예전에 유행하던 인기아트가 다시 유행하기도 합니다. 최근에는 계절 상관없이 파우더를 이용한 아트가 주목받고 있고 앞으로 씰링아트(씰링이란 편지, 포장지 등을 봉하여 붙이는 데 쓰는 촛농을 이용한 도장 개념이다. 봉인을 풀었을 때 그 흔적을 남기게 하는데 주로 사용되었으며 이 모양을 네일아트에 도입한 디자인이다) 유행할 것으로 예상됩니다.

Q. 네일 산업에서 성공적인 경력을 쌓는 데에 중요한 요소가 무엇이라고 생각하시나요?

A. 숍을 운영하면 매월 만드는 이달의 아트가 있는데 디자인을 얼마나 잘하고 최신 유행을 따라 가느냐가 중요하다고 생각합니다. 숍을 방문하는 주 고객의 연령층을 파악하여 파츠네일, 웨딩네일 등 자신만의 숍 콘셉트를 정하는 것이 중요합니다.

Q. 네일 디자이너로서 창의적인 아이디어를 계속해서 낼 수 있는 방법이 무엇인지 알려주세요.

A. 일본 네일 잡지(네일EX, 네일맥스)를 열람하거나 각종 해외 인스타그램 네일 이미지를 찾아 보는 방법이 있습니다. 또 네일 재료상에서 계절마다 올리는 다양한 재료를 보며 이번 유행하는 스타일이 어떤 것이 있는지 쉽게 파악이 가능합니다.

Q. 미용학과 학생들과 네일리스트 지망생들이 준비해야 할 필수적인 기술과 노하우는 무엇인지 알려주세요.

A. 숍에 고객님들이 왔을 때 제일 먼저 하는 업무인 젤제거의 시간을 단축, 큐티클 제거, 오버레이 과정을 많이 연습하는 것이 중요합니다. 손님들마다 손톱이 넓거나 울퉁불퉁한 분들이 생각보다 많은데 이 부분을 예쁘게 교정해주는 작업인 오버레이(Overay, 클리어젤로 손톱 표면에 전체적으로 덮어준다.)로 예쁜 아트를 완성하는데 제일 중요한 작업이라고 생각합니다.

Q. 실무 네일 원장님 본인이 강조하는 고객 서비스와 만족도 관리의 중요한 점은 무엇이라고 생각하시나요?

A. 네일 시술을 할 때 손톱 쉐입을 잘 다듬어 드리고 오버레이 과정을 매끈하게 시술하여 고객님들의 시술 만족도를 최대로 이끄는 것이 중요합니다. 서비스업이라 친절도 중요하지만 실력이 따라와 주지 않으면 고객님들의 만족도가 떨어져 클레임이 걸리기 쉬우므로 고객님께서 원하는 네일 디자인과 만족도 높은 퀄리티가 부합하는 실력을 갖추는게 제일 중요하다 생각합니다

Memo

Appendix

부 록

표준색체계

1 KS표준색(Hue&Tone) 색체계 155

	R 빨강	YR 주황	Y 노랑	GY 연두	G 초록	BG 청록	B 파랑	PB 남색	P 보라	RP 자주
기본색										
vv 선명한										
dp 진한										
dk 어두운										
dl 탁한										
sf 흐린										
lt 밝은										
pl 연한										
wh 흰										
ltgy 밝은회										
gy 회색										
dkgy 어두운회										
bk 검은										

2 KS표준색(Hue&Tone) 색체계 155 - 실습(색종이)

	R 빨강	YR 주황	Y 노랑	GY 연두	G 초록	BG 청록	B 파랑	PB 남색	P 보라	RP 자주
기본색										
vv 선명한										
dp 진한										
dk 어두운										
dl 탁한										
sf 흐린										
lt 밝은										
pl 연한										
wh 흰										
ltgy 밝은회										
gy 회색										
dkgy 어두운회										
bk 검은										

3 톤의 이미지 언어

톤	이미지
vivid	선명한, 화려한, 눈에 띄는, 강한, 기억색
deep	진한, 깊은, 고상한, 보수적인, 짙은
dark	어두운, 무거운, 무서운, 강한, 딱딱한, 견고한, 남성적
dull	점잖은, 나이든, 중후한, 고저스, 엔틱, 낡은, 격식있는
light	은은한, 단정한, 정적인, 수수한, 웰빙, 고급스러운, 편안한 •난색 : 내추럴한 •한색 : 우아함, 고급스러운
pale	밝은, 즐거운, 귀여운, 여성적인, 경쾌한 아이스크림 컬러, 영유아 컬러, 10~20대 여성 선호색
whitish	가벼운, 연한, 부드러운, 맑은, 로맨틱한, 연약한, 물 이미지
light grayish	은은한, 잔잔한, 안정된, 소박한, 전원적인 •난색 : 전원적 •한색 : 우아, 엘레강스
grayish	수수한, 정적인, 차분한, 오래된, 칙칙한, 낡은

4 「KS표준색 C&D 155」 Hue&Tone 155 색체계

5 「KS표준색 C&D 155」 Hue&Tone 155 색체계 – 실습(색종이)

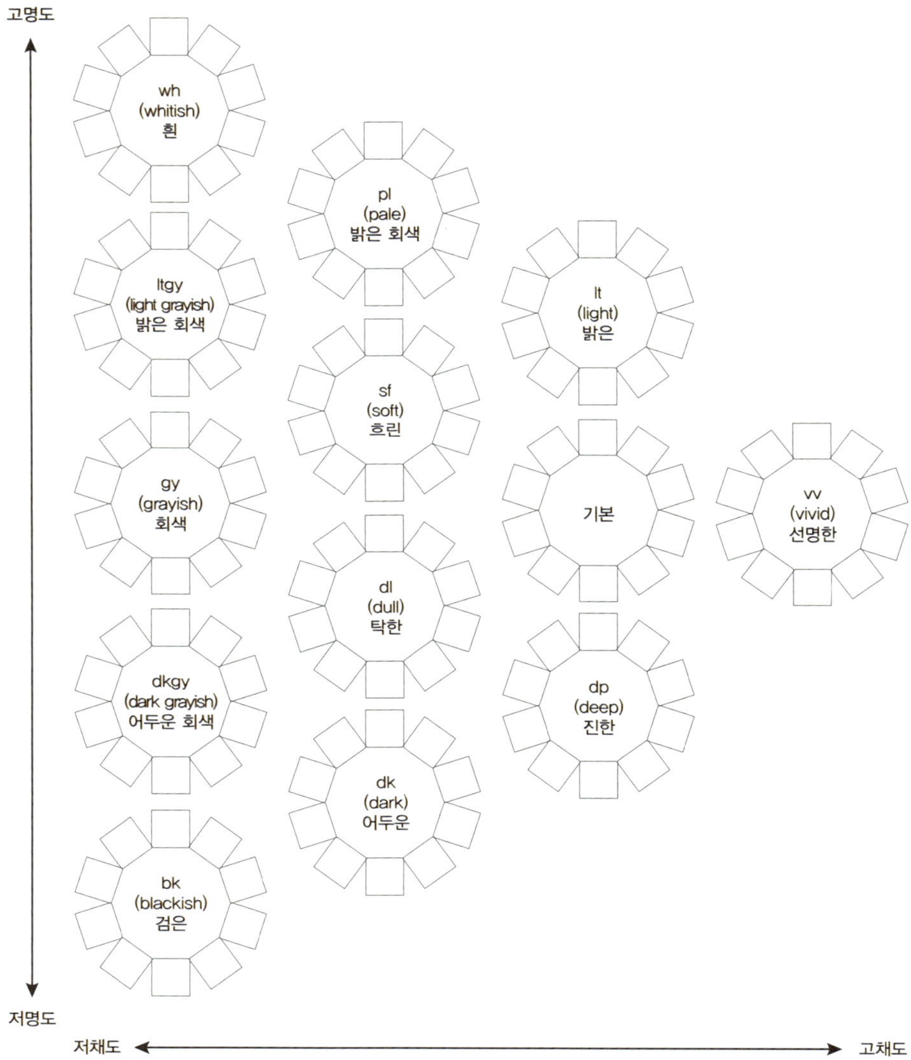

네일 살롱 활용 영어

A. 프론트에서 At the Front Desk

Staff : 어떻게 도와드릴까요?
"How can I assist you?"
"How can I help you?"
"What can I do for you?"

Customer : 젤 네일 하러 왔습니다.
"I'm here for a gel nail appointment."

Staff : 예약하셨나요?
"Did you make a reservation?"

Customer : 네, 000 이름으로 3시에 예약했습니다.
"Yes, I made a reservation for 3 o'clock under the name 000."

자기 소개하기

Self-Introduction:

Staff : 안녕하세요, 제가 오늘 담당 네일 디자이너입니다.

"Hello, I'm the nail designer for today."

B. 가격문의 및 안내 Price Inquiry and Information

Customer : 기본 젤 네일은 얼마인가요?

"How much is a basic gel nail?"

Staff : 오만 원입니다.

"It's 50,000 won."

Customer : 케어도 포함되나요?

"Does it include nail care?"

Staff : 네, 젤 네일 가격 안에 케어도 포함됩니다.

"Yes, nail care is included in the gel nail price."

Customer : 젤 제거도 포함일까요?

"Is gel removal included?"

Staff : 다른 숍에서 하신 네일은 손가락 개당 2,000원의 제거비가 발생되며,

저희 숍인 경우에는 무료입니다.

"If you had your nails done at another salon, there is a removal fee of 2,000 won per finger. If it's from our salon, it's free."

C. 제품 안내 및 판매 Product Information and Sales

Staff : 고객님 손톱이 잦은 시술로 얇고 손상되어 보입니다.

"Your nails appear thin and damaged due to frequent treatments.

손톱이 손상되면 젤 네일의 유지력이 떨어집니다.

"If your nails are damaged, it can affect the longevity of your gel nails.

Customer : 음… 그런가요. 한 번 써보고 싶네요.

"Hmm, I'd like to try it."

Staff : 이 제품은 … 성분을 가지고 있습니다.

"It contains …

"It's made with …

ex) hydrolyzed keratin, protein extract, tocopherol acetate, ascorbic acid, cyanocobalamin, calendula extract, biotin, ethylhexyl glycerin, silica, and butylene glycol."

Staff : 이 제품은 고객님의 손톱을 튼튼하게 만들어 줄 것입니다.

"It'll make your nails strong and healthy."

"It'll make your nails silky. " (윤기나게)

D. 네일관리 상담 Nail Care Consultation

Staff : 쉐입은 어떻게 해드릴까요?

"How would you like the shape?"

Customer : 라운드로 해주세요.

"Please make it round (square/coffin/round square/almond)."

Staff : 길이는 어떻게 해드릴까요?

"What length would you like?"

Customer : 짧게 잘라주세요.

"Cut them short."

Staff : 손톱의 어떤 점이 제일 고민스러우십니까?

"What's your main concern about your nails?"

Customer : 저는 평소에 손톱을 물어뜯는 습관이 있습니다.

"I have a habit of biting my nails."

Staff : 한 번 보죠… 손톱 끝이 많이 찢겨져 있네요. 많이 좋지 않은 것 같습니다.

"Let me take a look... Your nail tips are quite torn. It doesn't look good."

이 카드에 신상에 관한 것을 적어 주시겠습니까?

"Could you fill out personal details on the card, please?"

E. 상황 Scenario

Customer : 결혼식날 어떤 네일이 어울릴까요?

"What nail style would you recommend for my wedding day?"

Staff : 드레스에 잘 어울리는 흰색이나 아이보리 계열을 추천드립니다.

그리고 반짝임을 주는 스와로브스키를 올려주면 손이 적당히

화려하면서 단정해 보입니다.

"I recommend white or ivory shades that match your dress. Adding Swarovski crystals will give your nails a touch of elegance while maintaining a neat look."

F. 고객의 네일 취향 Customer's Nail Preferences

나는 자연스러운 네일컬러가 좋아요.

"I prefer natural nail colors."

나는 네일아트를 화려하게 하고 다녀요.

"I like bold and flashy nail art."

무거운 파츠는 싫어요.

"I don't like heavy accessories."

그라데이션 하고 싶어요.

"I want a gradient effect."

이달의 아트를 하고 싶어요.

“I’d like the nail art of the month.”

프렌치 네일로 하고 싶어요.

“I want a French manicure.”

원 컬러로 바르고 싶어요.

“I just want a single color.”

네일 속오프(제거)만 하고 싶어요.

“I only want nail removal.”

1) …을 바르겠습니다.	I’m going to apply ...
베이스젤	Base gel
네일 강화제	Nail strengthener
큐티클 리무버	Cuticle remover
큐티클 오일	Cuticle oil
네일 아세톤	Acetone
클리어젤	Clear gel
탑젤	Top gel

G. 네일 시술(서비스) 중에 사용하는 말들 During Nail Application

손에 힘 빼주세요.

"Please relax your hands."

램프에 손을 넣어주세요.

"Put your hand in the lamp."

램프에서 손을 빼주세요.

"Take your hand out of the lamp."

오른손 주세요.

"Give me your right hand."

왼손 주세요.

"Give me your left hand."

졸작 지도 갤러리

(인덕대학교 방송메이크업학과 재학생 작품)

1 주제별

한국 전통미와 문양을 모티브로 한 네일 디자인 창작

한국적 민속화인 '하회탈'의 주요 캐릭터 디자인

정지오

한국적 풍속화(수묵화) 디자인

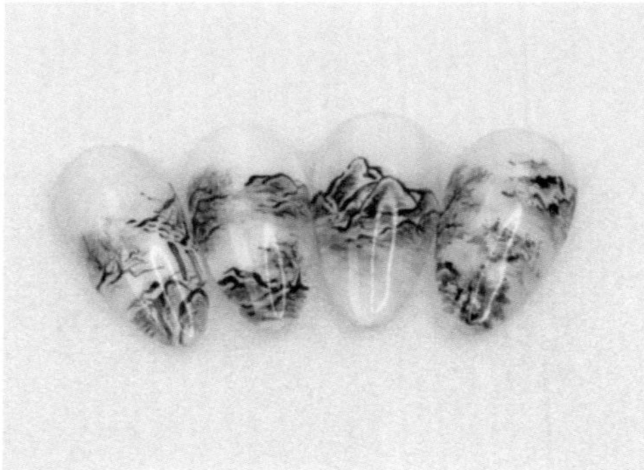

오은수

'신라의 미소' 디자인

박소현

조선시대 사극드라마에 나오는 여성 디자인

김다현

오방색에서 태양의 빛과 따뜻함, 풍요를 상징하는 '황(黃)'색을 응용한 디자인

강유빈

오방색에서 '청(靑)'과 '백(白)'을 응용한 디자인

정지오

2 K-POP 걸그룹의 앨범 재킷 이미지

뉴진스

정지오

블랙핑크

손하늘

갓더비트

노영주

여자 아이들 (G)I-DIe

김예은

컬러링 연습 일러스트

절취선

절
취
선

절취선

절취선

절
취
선

절취선

절취선

절취선

절취선

절
취
선

절 취 선

절취선

절 취 선

네일 디자인 구성하기

1 '예술 사조'를 연상한 디자인 발상

예 pop art

절취선

절취선

절취선

2 '패션 이미지'를 연상한 디자인 발상

예 로맨틱 이미지, 에스닉 이미지, 엘레강스 이미지

절취선

절취선

절취선

3 ‘배색 원리’를 활용한 네일 디자인 발상

예 톤온톤, 톤인톤, 세퍼레이션

절취선

절
취
선

절취선

4 '디자인 요소'를 활용한 네일 디자인 발상

예 점 요소

절
취
선

절취선

절취선

5 '디자인 요소'를 활용한 네일 디자인 발상

예 면

절취선

절취선

절취선

6 '디자인 요소'를 활용한 네일 디자인 발상

예 선 요소

절취선

절취선

절
취
선

7 '디자인 요소'와 '배색 원리'를 활용한 네일 디자인 발상

예 점 × 톤인톤 배색

절취선

절취선

절취선

8 '디자인 요소'와 '배색 원리'를 활용한 네일 디자인 발상

예 선 × 톤온톤 배색

절취선

절취선

절취선

9 '디자인 요소'와 '배색 원리'를 활용한 네일 디자인 발상

예 선 × 세퍼레이션 배색

절취선

절취선

절취선

10 자유 주제

예 디자인 요소를 활용한 이미지

절취선

절취선

고객 응대 카드

날짜 년 월 일	시술 담당자	고객 이름
상담내용		
네일아트 디자인 일러스트		
체크리스트	☐ Nail ☐ pedi	☐ 젤 제거 1EA ☐ 젤 기본 ☐ 젤 아트 ☐ 케어 ☐ 프렌치 ☐ 그러데이션 ☐ 연장 1EA
비고(기타사항)	ex) 손톱 건강상태, 특이사항, 주의사항 등	

절취선

절취선

날짜　　　　　년　월　일	시술 담당자	고객 이름
상담내용		
네일아트 디자인 일러스트		

체크리스트	☐ Nail ☐ pedi	☐ 젤 제거 1EA ☐ 젤 기본 ☐ 젤 아트 ☐ 케어 ☐ 프렌치 ☐ 그러데이션 ☐ 연장 1EA
비고(기타사항)	ex) 손톱 건강상태, 특이사항, 주의사항 등	

날짜 년 월 일	시술 담당자	고객 이름
상담내용		
네일아트 디자인 일러스트		
체크리스트	□ Nail □ pedi	□ 젤 제거 1EA □ 젤 기본 □ 젤 아트 □ 케어 □ 프렌치 □ 그러데이션 □ 연장 1EA
비고(기타사항)	ex) 손톱 건강상태, 특이사항, 주의사항 등	

절취선

참고문헌

고정민, 송진의, 전소현(2022), NAIL BASIC, 구민사.

곽진만 · 권오혁 · 김혜균 · 박은준 · 임순녀(2023), 뷰티 서비스 경영, 구민사.

권태일, 김미현(2013), New 네일아트론 이론 및 실기, 메디시언.

김선화(2021), 노인요양시설 종사자가 인식하는 미용복지 서비스 연구 -네일케어를 중심으로-, 건국대학교 산업대학원 석사학위논문.

김수연, 이명주(2020), 네일 케어 & 아트, 구민사.

김윤아, 안채윤(2020), CS와 이미지 메이킹, 구민사.

다이아미(www.diamishop.com)

박효원, 송서현, 유한나(2019), 뷰티색채학, 성안당.

안나현(2021), 색채디자인 이론 & 실습, 구민사.

오인영 송서현 유한나(2023), IMAGE & STYLING UP, 구민사.

오인영 이수미 안성준(2021) , MAKE UP & FASHION STYLING을 위한 디자인 발상, 메디시언.

유서현(2013), 네일 케어 활동이 노인의 정신건강에 미치는 효과 -스트레스 및 자아존중감 변화를 중심으로-, 서울 사회복지 대학원 대학교 사회복지학과 석사학위논문.

이경희, 이은령(2017), 뉴 패션디자인 플러스 발상, 교문사

임수은 진송희(2021), 아트네일 갤러리, 구민사.

Beauty & Health 연구회(2001), 메이크업 & 스타일 100년사, 현문사.

사진출처

https://shop-phinf.pstatic.net/20230804_263/16911293270934KnG1_JPEG/16844320679981110_1097216623.jpg

https://shop-phinf.pstatic.net/20230201_121/1675231961385Yv2Rd_JPEG/76367741098560934_1210452679.jpg

https://cdn.011st.com/11dims/resize/600x600/quality/75/11src/product/5781712276/B.jpg

https://diamishop.com/web/product/big/20191113/5043146e6308f042dcc9b1c690440c60.jpg

https://nailmall.net/shopimages/ddmnail/001012000052.jpg

https://shop-phinf.pstatic.net/20220724_192/165864614208418wuH_JPEG/59782030798424334_1242305480.jpg